Bian Zhu
Wu Pengcheng

武鹏程 ◎ 编著

SHEN MI XIAN XIANG

海洋神秘现象集锦

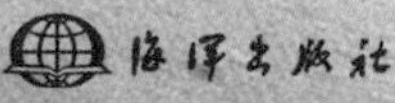

北 京

图书在版编目(CIP)数据

海洋神秘现象集锦 / 武鹏程编著. — 北京：海洋出版社, 2025. 1. — ISBN 978-7-5210-1339-9

Ⅰ. P7-49

中国国家版本馆CIP数据核字第2024VN4798号

海洋神秘现象
集锦

HAIYANG SHENMI XIANXIANG
JIJIN

总 策 划：刘　斌
责任编辑：刘　斌
责任印制：安　淼
排　　版：海洋计算机图书输出中心　晓阳
出版发行：海洋出版社
地　　址：北京市海淀区大慧寺路8号
100081
经　　销：新华书店
发 行 部：(010) 62100090
总 编 室：（010）62100034
网　　址：www.oceanpress.com.cn
承　　印：保定市铭泰达印刷有限公司
版　　次：2025年1月第1版
2025年1月第1次印刷
开　　本：787mm × 1092mm　1/16
印　　张：12.5
字　　数：300千字
定　　价：68.00元

前　言

蔚蓝色的海洋，烟波浩渺，奔腾不息，记录着地球的历史和发展的秘密。面对着浩瀚莫测、变幻万千的大海，人们为之倾倒，同时也对它充满了畏惧。科学虽然给我们带来了便捷、幸福的生活，但还远远没有达到我们所期望的彻底解决问题的地步。海洋中的一些神秘奇特的现象，成为人们探奇的“热土”。

近些年来，随着海洋开发技术不断升级，世界各国商船、军舰在海上不断遭遇一些怪事：深藏水下的奇特生物，突然出现的幽灵岛，或一闪而过的幽灵船。就算没有这些，也会有马尾藻海的危险，大、小潮的造访以及其他神秘现象出现。

海洋是个巨大的宝库，不仅孕育了人类，也制造着人类无法想象的生物，人们一直认为在深不可测的海底，有着另一支人类生命的存在，他可能是有着高度文明的海底人，也可能是半是人身半是鱼身的美人鱼，还可能是面貌丑陋的蜥蜴人或者蛤蟆人，或许在将来的某天，海洋会带给我们一种颠覆性的认识，来填补海洋文明的那片盲区。

本书收集了大量海洋神秘现象，因篇幅和资料有限，未能穷尽神秘海洋的每个精彩片段，尽管如此，也请跟随本书一起，了解海洋神秘的同时，发现海洋之美，文化之美。

目 录

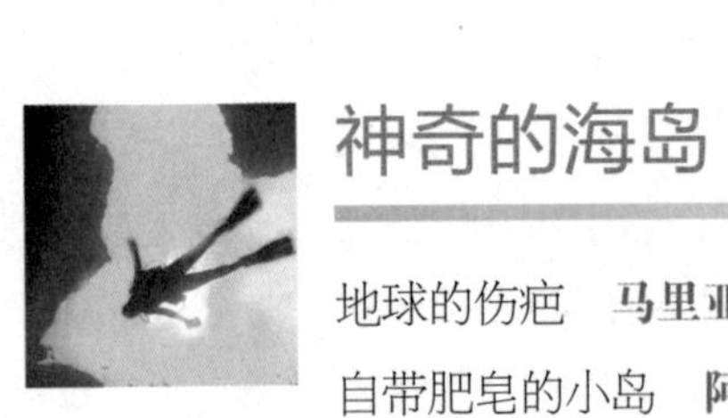

神奇的海岛

深埋大海的沉船遗迹

无法解释的生物

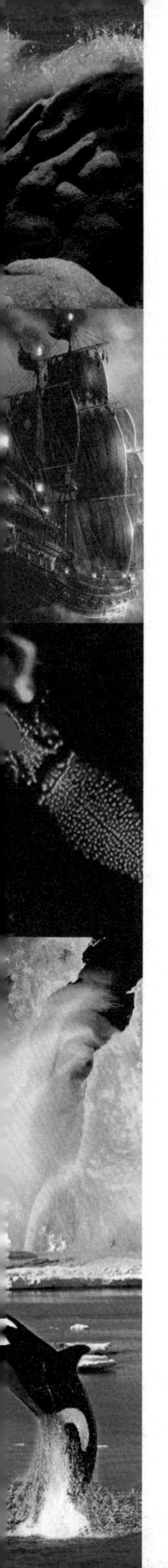

神奇的自然现象

神奇的海岛

Marvelous Island

地球的伤疤

马里亚纳海沟

世界最深处的马里亚纳海沟是一个人类所知极少的地方。这条“裂缝”切穿了地球的表面，科学家们认为洋壳在这里向下俯冲，深入地幔，熔融后消失，熔融的物质又从大洋中脊涌出，形成新的洋壳，最终完成了这个轮回。

海沟是位于海洋中的沟槽，一般两壁较陡，形状狭长，水深大于5000米。在所有海沟中，马里亚纳海沟最为有名。马里亚纳海沟全长2550千米，为弧形，平均宽70千米，大部分水深在8000米以上。最深处在斐查兹海渊，为11 034米，是地球的最深点。

马里亚纳海沟是目前所知地球上最深的海沟，该海沟地处北太平洋西部海床，靠近关岛的马里亚纳群岛的东方，该海沟为两个板块辐辏俯冲带，太平洋板块在这里俯冲到菲律宾板块（或细分出的马里亚纳板块）之下。马里亚纳海沟在海平面以下的深度远远超过珠穆朗玛峰的海拔高度。马里亚纳海沟位于北纬11° 20′，东经142° 11.5′，即于菲律宾东北、马里亚纳群岛附近的太平洋底，亚洲大陆和澳大利亚之间，北起硫黄列岛、西南至雅浦岛附近。其北有阿留申、千岛、日本、小笠原等海沟，南有新不列颠和新赫布里底等海沟。这条海沟的形成据估计已有6000万年，是太平洋西部洋底一系列海沟的一部分。

从20世纪50年代以来，科学家对马里亚纳海沟进行了多次探测，1960年1月14日，瑞士物理学家雅克·皮卡德和美国海军人员沃尔什，乘坐深海潜水器“的里雅斯特”号下潜到马里亚纳海沟的底部，达到10 916米的深度进行科学考察，这是人类有史以来首次抵达海

◀ [“的里雅斯特”号潜水器]

瑞士皮卡德父子于20世纪50年代造出了著名的“的里雅斯特”号潜水器，其长达18.2米，由充满汽油的船形浮筒和直径2.18米、壁厚12厘米的载人耐压钢球组成。

底最深之处。不过，由于海底压力，“的里雅斯特”号潜水器一块19厘米厚的舷窗玻璃出现轻微裂痕，皮卡德在海底待了20分钟后不得不匆匆上浮，没有拍照片。由于当时的材料科学技术发展所限，潜水器重达150吨，活动能力非常差，上下花了8个小时。在这个阳光终年照不到的冰冷海底，科学家们看到一条鱼和一只小虾在游动，在如此大压强下，依然有生物的踪迹，不能不说是一个奇迹，如果不是亲眼看到，人们恐怕不会相信。

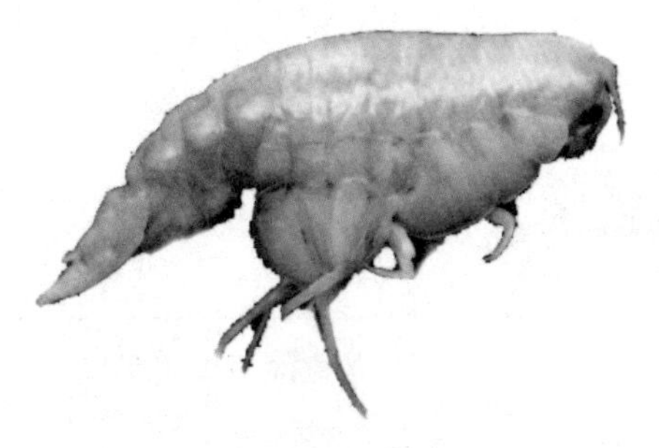

▲ [马里亚纳海沟的虾状生物]

它们体内拥有能消化木头的酶（酶是生物体内普遍存在的催化剂），以偶尔从海面沉下来的树木和植物的残骸为食。

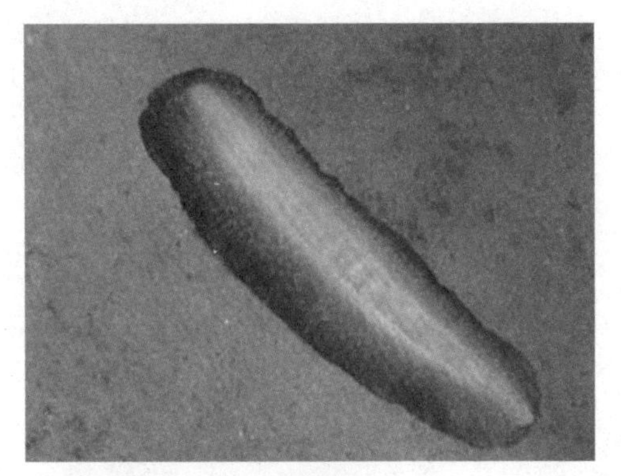

▲ [马里亚纳海沟紫色海参]

“蛟龙”号在马里亚纳海沟4743米处拍摄的一只超过30厘米长的紫色海参。

中国“蛟龙”号载人深潜器

与某些探险型潜水器不同，中国“蛟龙”号载人深潜器不是单纯追求深度数字，其主要任务是深海科研和作业。中国“蛟龙”号载人深潜器，最大下潜深度7000米级。2002年建造，已完成热液取样、生物采集、海底布放等多项深海科考项目。2012年7月，“蛟龙”号在马里亚纳海沟试验海域成功创造了载人深潜新的历史纪录，首次突破7000米，最深达到7062米。同时创造了世界同类作业型潜水器的最大下潜深度纪录，意味着中国具备了载人到达全球99.8%以上海洋深处进行作业的能力。

自带肥皂的小岛

阿洛斯安塔利亚

阿洛斯安塔利亚是爱琴海上一个有名的“肥皂岛”，岛上的居民洗衣服不用肥皂，衣服脏了，放进水里，顺手在地上抓一把土放进去，就能搓出很多泡沫。

童话人物安米一踏上肥皂岛，立即摔了个四仰八叉，因为肥皂岛太滑了。现实中，在海岸蜿蜒曲折、岛屿星罗棋布的爱琴海上，也有一座面积不大的“肥皂岛”，名叫阿洛斯安塔利亚岛。

在阿洛斯安塔利亚岛上的泥土和岩石里，含有大量类似肥皂成分的碱土金属盐。当地的居民衣服脏了，只要在地上抓一把泥土放上点水，就能搓出许多泡沫来，再用水一冲洗，就可把衣服洗干净。在洗涤用品普及之前，岛上的居民就习惯用土石块洗涤衣物和器具。

据当地人介绍说，在阿洛斯安塔利亚岛上，不仅土里，海水里也有许多的清洁成分，人们在涂满防晒霜享受日光浴之后，直接跳到海边浅水滩，就可以将残留的防晒霜洗干净。而且当地人在航行至肥皂岛时，都会收藏一把那里的泥土，送给朋友，真是“居家生活”和“馈赠友人”的良品。

▲ [肥皂岛]

更有趣的是，每逢下雨时，阿洛斯安塔利亚岛上就充满了肥皂泡沫。这时人们就会跳入泡沫中享受独特的肥皂浴。

肥皂是脂肪酸金属盐的总称。广义上讲，油脂、蜡、松香或脂肪酸等和碱类起皂化或中和反应所得的脂肪酸盐，皆可称为肥皂。

水深迷宫

巴哈马蓝洞

巴哈马蓝洞堪称世界上最危险的潜水之地，这里每年平均有 20 个极限潜水高手丧命于蓝洞中。

由于巴哈马蓝洞的独特性和神奇性，每年都有很多世界各地的游客慕名前来，坐在航拍的飞机上，从空中领略这种奇特的美景。

巴哈马蓝洞别名伯利兹蓝洞，位于大巴哈马浅滩的海底高原边缘的灯塔暗礁，在伯利兹城外大约 100 千米处，其形状为几乎完美的圆形，直径超过 305 米，深达 123 米，洞口四周由两条珊瑚暗礁环抱着。巴哈马蓝洞是一个水底迷宫，长 1500 千米，内有冰川时期形成的隧道和洞穴。

巴哈马群岛蓝洞成形于 1.3 亿年前

2009 年夏秋季节，“巴哈马群岛蓝洞探险队”成立，主要目的是研究巴哈

▲［巴哈马大蓝洞］

马群岛中的安德罗斯、阿巴科和另外5个岛屿上的蓝洞。

研究发现按照现在海平面上升的速度（21世纪内可能会上升一米），未来几十年内,许多内陆洞穴将被海水淹没，其微妙的水化学状态和极具科研价值的环境都将遭到破坏。而且随着旅游开发，岛上最大的天然淡水资源库也遭到了污染。

科学家们经过无数实地勘察及分析指出，巴哈马群岛属石灰质平台，成形于1.3亿年前。在200万年前的冰河时代，这个洞曾是一座干燥的洞穴系统的入口。寒冷的气候将水冻结在地球的冰冠和冰川中，导致海平面大幅下降。因为淡水和海水的交相侵蚀，这一片石灰质地带形成了许多岩溶空洞。蓝洞所在位置也曾是一个巨大岩洞，多孔疏松的石灰质穹顶因重力及地震等原因而很巧合地坍塌出一个近乎完美的圆形开口，成为敞开的竖井。当冰雪消融、海平面上升之后，海水便倒灌入竖井，洞穴被水淹没，形成海中嵌湖的奇特蓝洞现象。

蓝洞内钟乳石群交错复杂，更有品种繁多的鲨鱼（据说，多为个性温和慵懒不主动攻击的品种）伴随水下同游，身处神秘森幽的海下洞穴，美丽与凶险并存。

▲ [潜水胜地巴哈马蓝洞]

巴哈马蓝洞因海绵、梭鱼、珊瑚、天使鱼以及一群常在洞边巡逻的鲨鱼而闻名于世，成为闻名遐迩的潜水胜地。

20世纪60年代，加拿大科学家乔治·本杰明带领一支科考队来到巴哈马群岛。1970年，乔治在美国《国家地理》杂志上发表了自己在蓝洞中拍到的水下钟乳石和找到的一些鸟类化石，人们这才知道本以为是一潭死水的蓝洞里别有洞天。乔治·本杰明也因为这次探险被称为“蓝洞探险之父”。

▲ [玛雅历法]

玛雅文明虽处于新石器时代，但在历法、自创文字上却拥有极高成就。至于玛雅文明为何在西元 9 世纪急速衰落，一直都是专家学者想要解开的最大谜团。现在美国就有一个研究团队发现，巴哈马蓝洞内可能藏有关键证据。

据巴哈马海事部门统计，平均每年有 20 个极限潜水高手命丧巴哈马蓝洞，大部分都是因为迷路而死。为了防止悲剧发生，当地政府在一些没人去过的蓝洞前立下“禁止探险”的警示牌，但作用几乎为零。

整个宇宙是以同样的元素构成

美国宾夕法尼亚州立大学地学系太空生物学家珍·麦克雷蒂，通过调查蓝洞无氧水环境中的细菌，指出可以推测遥远行星和卫星上的无氧水环境中可能存在怎样的生命体。“整个宇宙是以同样的元素构成”，麦克雷蒂说，“可栖居的星球之间很可能具有许多共同特点，比如适宜生存的温度和水体”。许多太空生物学家相信这种环境可能存在于火星表面深处液态水体和木卫二冰冻地壳之下的海洋中——就更不用说远方与地球更加类似的世界了。

麦克雷蒂对巴哈马群岛其中的 5 个蓝洞中微生物的 DNA 进行了分析，结果发现没有一个共有的物种，使大家明白了每个洞穴的独特性。同时她还发现，蓝洞无氧水环境中有些生物体采用的生存策略，是我们用以前的化学原理解释不通的。她常为洞穴生物获取能量的多种方式感到惊讶。麦克雷蒂感慨地说：“如果我们能够准确理解这些微生物谋生的方式，便能找到对无氧世界的研究方法。”

“巴哈马群岛蓝洞探险队”对 5 个岛屿中的 20 多个蓝洞进行了约 150 次潜水探险，带回了丰富的科学资料，包括 1200 年前首批巴哈马居民的头骨、绝种超过 1000 年的爬虫动物骨骼以及地球最原始生物的单细胞后代。

正是因为这些神秘的存在，才使巴哈马蓝洞成为探险和深潜爱好者心目中的天堂。

▲ [北森蒂纳尔岛]

生人勿进

北森蒂纳尔岛

北森蒂纳尔岛面积不足60平方千米，生活着250～300左右的土著居民——森提奈人。这些人拒绝外族文化的入侵，会杀死一切企图接近他们的陌生人，这个岛是绝对“生人勿进”的地方。

在印度洋孟加拉湾的一个小岛上，生活着一个极为神秘的土著部落——森提奈人，他们一直过着原始并且与世隔绝的生活，传说中，他们是唯一从石器时代生存下来的部落。

这个神奇的小岛就是北森蒂纳尔岛，岛屿面积与美国曼哈顿岛差不多大。这个部落的人们会杀死在北森蒂纳尔岛附近捕鱼的男子，他们拒绝包括人类在内的一切外来生物，所以目前仍未可知这是一个什么样的民族，以及他们为什么有这样的传统。

2004年印度洋大海啸时，印度当局曾派直升机去该岛查看，发现岛上的部落完全未受影响，他们非常不友好地向直升机射箭和投掷石头。为了保护他们和他们的生存环境，国际生存组织也发出呼吁：为了防止这个部落灭绝，最好能够确保外人不去北森蒂纳尔岛。印度政府也已制定法律禁止人们接近北森蒂纳尔海岛。

诡异神秘的海岛

娃娃岛

布娃娃应该是阳光、漂亮的，可在墨西哥城外，有一个独立的小岛上充斥着各种肢体不全的玩偶，这里的娃娃是恐怖、神秘的，每年都有数百人为了寻求刺激而来该岛探险。

世界上总是存在一些诡异而又没法用科学解释的东西，就像位于墨西哥城与霍奇米尔科之间的娃娃岛一样。

之所以叫“娃娃岛”，是因为这个岛上有数以万计的娃娃：它们挂在树上，在河水里，在任何你可以看得到的地方。

关于娃娃岛来历的传说五花八门，但最被墨西哥城的居民认同的是以下这个传说。

▲［娃娃岛］

娃娃岛一直有一种神秘诡异的魅力，围绕着这个岛有很多古老的传说和故事。因此该地区也成为知名闹鬼之地。

相传在 20 世纪 50 年代，“娃娃岛”上有一个花匠因为没能救到一个落水的孩子，而一直心存不安，他在夜里还能听见小女孩的求救声。有一天，花匠在河边捡到了一个娃娃，他认为是上天的旨意：娃娃能够镇住小女孩的鬼魂，所以他便到处搜集娃娃并挂在树上，渐渐地，这个岛便到处挂满娃娃，所以直到现在岛上有传言，那就是上岛的人必须带些小礼物来祭奠这些娃娃才能免于被恶灵缠身。

这里有许多寻找刺激的游客登岛旅行，往往从开始的兴奋渐渐变成了恐惧，鲜少有人敢在这里过夜，因为传说中这些诡异的娃娃会出来寻找可以藏身的肉体。

▲［未能救起女孩的花匠］

这个岛屿的故事传到了美国，有一个专门研究超自然现象的节目，听说了“娃娃岛”后决定来这里探险。在实地拍摄过程中，他们的确录到了一些怪异的东西，并在 YouTube 上放了一些节目片段。

恐怖的小岛

太平洋哭岛

伤心哭泣，这本是很平常的人类行为，但你见过会哭泣的小岛吗？有个坐落于南太平洋的神秘小岛，无论白天黑夜，都会发出“哭哭啼啼”的声音。

哭岛是一座方圆不过几千米的荒芜小岛，坐落于太平洋中，无论白天黑夜，都会发出“哭哭啼啼”的声音。其声音有时像众人号啕，有时像鸟兽悲鸣，凄凄惨惨戚戚。这个不大的小岛，有着种种传说。有说是一个女妖以这种方式来警告过往的行船，远离这块属于她的领地；还有传言是被巨浪吞没的水手的灵魂在呼唤对亲人的思念，这给过往船只带来了一股奇怪、恐慌、悲伤的气氛。

哭岛为什么会哭泣呢？

至今没有人能给出正确合理的答案，但有不少人认为，这种怪异的声音是由于受风的流动振动影响，经过小岛上特殊的地貌导致。这虽然听上去比较合理，但据有关学者考证后认为，该岛的构造与地形与其他太平洋小岛并无特殊之处，其他岛屿并没有发出此类声音，所以哭岛成为科学史上的一大谜团。

▼ [哭岛]

哭岛的长度也就2000多米，总面积大约是400公顷。周围没有更大海岛的衬托，也更没有人居住在这里，小岛显得极其荒凉，外加还发出哭声，让人觉得恐怖。

神秘的小人国

考爱岛

考爱岛位于夏威夷群岛最北端，植被茂盛，有花园岛的美誉，但最让人惊讶的是这里是传说中的小人国，这为考爱岛平添了许多神秘色彩。

▲ [考爱岛库克船长雕像]

考爱岛是夏威夷群岛中第一个被西方人发现的，当年库克船长最先登上的就是它。这座岛虽经常遭受大风大雨侵袭，几度被大自然蹂躏得面目全非，但却有令人惊异的勃勃生机。灾后不久，山水草木，一切如故，仿佛什么事都没发生一样。

根据科学家的测定，早在公元 2 世纪时，考爱岛就已有人居住了。夏威夷的一些老人说，他们的祖先在考爱岛的密林里看到过一种神秘小矮人——曼涅胡内人。这个人种个子很矮，平均不到 1.5 米。根据当地的传说，考爱岛上曾住过 100 万名曼涅胡内人，不过到最后一个统治者阿里掌权时，他们只剩下 1 万人了。

曼涅胡内人是天生的建筑家，为夏威夷的建设做了不少贡献。夏威夷诸岛上的建筑以及拦河坝、蓄水池和庙宇等，都和他们的辛勤劳动有关。在夏威夷的波绍波弗博物馆里，保存着民间创作方面的代表人物费尔纳捷的手稿，里面就记载着曼涅胡内人建造 34 座庙宇的情景。奇怪的是，据当地老人说，这些神奇的建筑大军总在晚上工作，一旦白昼降临，便立即停止劳作，匆忙返回自己的家园。如今，小矮人早已消失，留给人们的只有神秘的传说和珍贵的建筑遗址。

地狱之门

三宅岛

日本的三宅岛是个美丽的小岛，岛上流传着许多神话传说，但它又是地狱之门，岛上火山——雄山常常喷发，将生命拖入地狱。

三宅岛位于东京以南约 180 千米的伊豆群岛中，在距今 3000 多年前，雄山山顶的火山喷发而造就了这座海岛，岛上虽然覆盖着绿色的植物和花草，但是该岛的火山喷发频率非常高，也就意味着岛上的人随时都有生命危险。三宅岛在日本的江户时代，成为死刑犯的流放地。

21 世纪初以来，三宅岛一直没有明显的地震活动。然后 2013 年 4 月 17 日自上午 10 时起到 19 时为止，这里连续发生地震 21 起。其中以傍晚 18 时许发生的里氏 6.2 级地震为一天内最强震。地震规模在里氏 4.4 ~ 6.2 级之间，其中震度 5 的地震 1 次，震度 3 的地震 6 次，震度 2 和震度 1 的地震各 7 次。据日本气象厅称，震源均在三宅岛附近海域、深度约 20 千米。

◀ [三宅岛]

三宅岛的名称由来有好几种说法。把岛的形状看作房子而叫三宅岛的“三间房子主张”；因为有 12 个神社而以神社作为象征的岛名“宫家岛”之起源的“神社主张”；像“南方海岛志”中描述的内容那样，因为火山喷发频繁而来的岛名“御烧岛”之起源的“御烧岛主张”，等等。其悠久的建岛历史，众说纷纭的文献，留下了三宅岛各说不一的名称由来。

伊豆群岛是位于太平洋中的一个群岛。群岛中 10 个主要岛屿均是火山岛，位于伊豆半岛以南，小笠原群岛以北。

▲ [废弃的城区]

▲ [防毒面具]

全民戴着面具

进入 2000 年以后，三宅岛火山进入了活动期，于是日本政府命令岛上居民在2000年9月全部撤离。接下来的5年里，谁也不允许返回该岛。

在 2005 年之后，日本政府允许人们返回三宅岛，不过在这里生活的居民要时刻都佩戴防毒面具，因为岛上有毒气体的浓度高得出乎人们的意料。这里除了活火山，更致命的是不断从山脉和地下渗出的有毒硫黄气体，使得整个岛充满臭味。

三宅岛上的神社

可能是因为岛屿上神秘的火山，导致此岛上有着为数众多的神社，三宅岛上登记在册的神社加上未被记录的，估计将超过 100 座以上。其中尤以关于火山喷发的神社为数最多。除此之外，三宅岛还流传着许多的神话传说，这些传说大多被收录在《三宅记》里。

如今的三宅岛已经成为一个旅游景点，但是由于硫黄气体仍不断在地下渗出，要去这里旅游，必须终日戴着防毒面具才可以。

在日本江户时代（约公元 12 世纪），三宅岛成为罪犯流放地。据说到明治时代初期为止，被流放三宅岛的罪犯竟超过 2300 多人。流放罪犯中不乏历史知名人士。如画家英一蝶，赌徒小金井小次郎，国学家竹内式部，宗教家井上正铁，歌舞伎师生岛新五郎等。

在江户时代中期，著名的歌舞伎师生岛新五郎和江户宫女绘岛间，被爆出秘密幽会丑闻，由此引发了宫廷内部的权力之争。最终导致全江户超过千人之众被卷入直至遭到处罚，成为脍炙人口的“绘岛·生岛事件”。2006 年风噪一时的电影《大奥：女将军和她的后宫三千美男》就是以该事件为蓝本的。

毒蛇盘踞的海岛

大连蛇岛

大连蛇岛是世界上唯一一座生存单一品种黑眉蝮蛇的岛屿，在只有1.2平方千米的小岛上生活着近2万条剧毒蛇。

▲ [大连蛇岛]

许多海岛由于气候温和湿润，适合蛇类栖息，而海岛中蛇类数量最多的，当首推我国大连的蛇岛。这里的奇观足以震撼每个人。

蛇岛位于渤海东部，距旅顺老铁山只有20多千米，属大连市管辖。它长约1.5千米，宽0.8千米，总面积约1.2平方千米，主峰海拔216.9米，岛上植物繁茂，灌木杂草丛生。就是这么一个小岛，上面竟盘踞着近2万条凶猛的毒蛇——黑眉蝮蛇。

多年来在蛇岛上形成了蛇吃小鸟，小鸟吃昆虫，昆虫吃植物，植物以鸟粪为肥料的食物链，形成了以蛇为中心的完整的生态系统。黑眉蝮蛇在日益发展的系统中形成大型群体，在20世纪50年代中期据我国科学家调查统计，当时蛇岛上有黑眉蝮蛇5万～10万条，1958年6月蛇岛发生了一场大火，一连烧了四五天，整个蛇岛植物几乎化为灰烬。大量蛇被烧死，使蛇资源遭到严重损失。

岛上的黑眉蝮蛇是世界上唯一既冬眠又夏眠的蛇，这种蛇一年只需捕食9次就可存活下来，这种极强的生命力使它们得以在蛇岛上长期繁衍生存。

▲ [黑眉蝮蛇]

黑眉蝮蛇善于利用各种保护色进行伪装。它们挂在树上就像干枯的树枝，趴在岩石上恰如岩石的裂纹，蜷伏在草丛中活像一堆畜粪。这样的伪装能够迷惑过往的候鸟。这些鸟儿一旦收拢翅膀降落在树枝上、岩石上或草丛中，转眼间就被蝮蛇咬住，成为它的美餐。

消失的文明

大西洲之谜

在科学范畴以外的未知领域，有许多奇谲诡异的奥秘，而其中最引人入胜的是消失的陆地和文明，其中闻名遐迩的要数大西洲了——一个消失的大洲。历史上，有关大西洲的传说层出不穷，尽管有人指出大西洲的传说是一个幻想，但是传说没有消失，相信者企盼，大西洲的文明会像神话中的“特洛伊木马”那样重见天日。

大西洲，也可能就是人们传说中的亚特兰蒂斯，它究竟在哪里？存在于何时？为什么消失？传说中的大西洲大陆与大西洋之间有何关系？这至今仍是无法揭开的谜，这一旷日持久、长达 20 多个世纪的探索或许还要继续下去。

柏拉图的残篇《克里底亚》中记载了一个迷人的传说。大约距当时 9000 年，在“海力克斯之柱”以外，在波浪滔天的“西海”之中，有一个巨大的海岛叫亚特兰蒂斯，这块陆地被称为大西洲。这里气候温和，森林茂密，林中居住着成群的大象，大地上生长着各种奇花异果。立国之初，大西王以德治国，这里很快成了人间乐园。

▲［法罗群岛发行的纪念邮票——亚特兰蒂斯］

后来由于亚特兰蒂斯人变得贪得无厌，最后受到了惩罚。一夜之间，火山爆发，海啸汹涌，大地颤抖，大西洲顿时沉没在浊浪滔天的大海深处。

柏拉图谈到了大西洲，而且说得非常详细具体。那么大西洲的遗址到底在哪儿呢？大西洲存在过吗？

有人认为大西洲是柏拉图杜撰出来的国度。正如古希腊神话中特洛伊木马的故事一样，世人都认为那是神话，然而 19 世纪德国人谢里曼经过努力，发现了 9 个特洛伊城市遗址，使神话变成现实，发现了失落了的文明。那么，大西洲是否也是失落的文明？这仍然是一个神秘的未解之谜。

海洋中的沙漠

太平洋垃圾岛

这个巨型“塑料漩涡”面积是英国的6倍，形成了东太平洋上的垃圾场，这个巨大的垃圾岛也被称为“大太平洋垃圾带”。

▲［太平洋垃圾岛一角］

“太平洋垃圾岛”位于美国加利福尼亚州与夏威夷中间的海域，在赤道和北纬50度。这里处在太平洋的亚热带气流中心，是赤道的无风地带，被称作“海洋中的沙漠”。

由于没有风，地处太平洋亚热带气流中心的“第八大陆”海水流动得非常缓慢，来自亚洲东海岸和美国西海岸的各种漂浮物汇集于此。这里的塑料垃圾10%来自渔网，10%是海上航行的货船丢弃的；其余80%的塑料垃圾则来自陆地，那些被废弃的空塑料袋通过下水道进入了海洋，而不断运动的洋流又使它们聚集在了一起，并最终形成了现在看到的“垃圾岛”。

这一地区是世界上五大海洋涡旋之一，涡旋能够将数千千米以外的垃圾逐渐地“吸”过来。在这里，甚至有许多垃圾上印着日语或者中文，可想而知这个涡旋“吸引”了多远以外的垃圾。

由于洋流呈循环式运动，原本分散的小块垃圾会被逐渐地汇聚在一起，这个垃圾带的面积就一直在逐渐扩大。这里的垃圾多达1000万吨，而且种类繁多，有塑料袋、装沐浴露的塑料瓶、拖鞋、儿童玩具、轮胎、饮料罐甚至塑料泳池……

除了人们所知的7个大陆外，在太平洋最人迹罕至的地方，又有一个“新大陆”正在生成——这个“新大陆”完全是由垃圾堆起来的，人们把它称为“第八大陆”。

▲［误食垃圾的海豹］

一只误食垃圾的海豹，躺在垃圾堆上等待着死亡。

研究发现，在有些海域，海洋最大塑料密度达到每平方千米20万个塑料碎片，并且绝大多数碎片都来自人们日常生活中用到的消费品，诸如包装袋、塑料制品等。

生态学家们警告称，这些漂浮在海洋上的垃圾将对水生生物构成严重威胁。微小的塑料碎片造成的破坏，比那些较大的塑料垃圾造成的危害更大。因为这些塑料碎片在被小鱼误食以前，就像海绵一样会不断吸附重金属和污染物。它们通过较大的鱼、鸟类和海洋哺乳动物向食物链的上层移动过程中，毒性会不断被浓缩。而那些被鱼类吞下的有毒物质将进入人类的食物链中，最终危害到人们的健康。

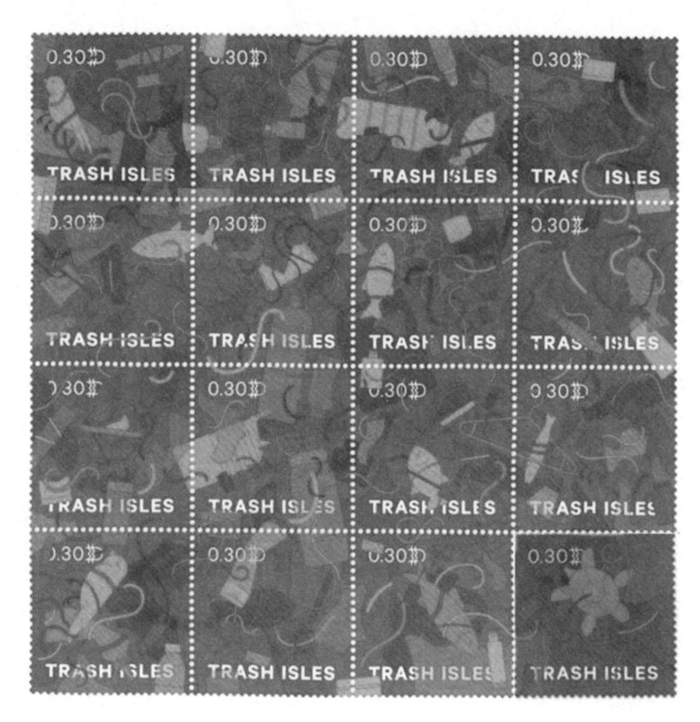

◀［垃圾岛邮票］

根据联合国的统计，世界上每年会产出超过2.6亿吨的塑料垃圾，它们当中大多数是一次性的，大部分都被随意丢弃了——有的被掩埋在土地里、有的散布在郊外的垃圾场、有的挂在铁路沿线的树梢枝头、有的被直接倾倒入海……它们散布在地球的每个角落，但会被雨水或大风吹刷，然后悄无声息地流走；最后的终点，是海洋。

灵异消失事件

“有去无回”的神秘岛

在肯尼亚鲁道夫湖附近，有一个名为“Envaitenet”的神秘小岛，在当地土著人语言中意为“有去无回”。

▲［“有去无回”的神秘岛］

虽然这个小岛有几千米长和宽，但是当地人都不住在这个岛上，因为他们认为这个地方受到了诅咒，来到这里的人都会神秘消失，有去无回。

当地流传着此岛不少的传说，有人说，岛上栖息着传统科学所不知的动物；有人说岛上存在一些怪异的光学现象；还有人说，这个地方是个真正的时间漏斗，人一进去就再也出不来了。

英国探险家维维安·福斯 1935 年曾带领一个探险队到这里进行勘探，5 天后，他的两名同事马丁·谢弗里斯和比尔·戴森没有返回驻地。福斯派出救援队到达那个小岛，看到的只有荒废的土著人村落。这个小岛看起来已经被完全抛弃了。他们没有发现任何马丁和比尔来过或者活动的踪迹。

后来福斯还出动飞机寻找两名失踪的同事，也没有发现任何线索。他经过多方打听，据当地居民描述，很多年前，这个小岛的人，依靠捕鱼、打猎，以及与岛外居民交换特产为生。可是有一段时间，岛上居民突然不再出现在岛外。

曾有人前往岛上探察到底发生了什么事情。当他们到达岛上后发现：村庄已经荒废，屋子里的东西原样未动，烤鱼依然放在已经熄灭的火上。

岛上居民都哪里去了呢？没有人知道。此后这个岛上除了鸟类外，再也没有人生活。

大西洋公墓

塞布尔岛

几百年来，先后有500多艘大小船只在塞布尔岛附近神秘沉没，丧生者多达5000余人，因此被称为“大西洋公墓”。

据地质史学家们考证，几千年来，由于巨大海浪的凶猛冲击，塞布尔岛的面积和位置在不断发生变化。最初它是由沙质沉积物堆积而成的一座长120千米、宽16千米的沙洲。而在最近200年中，该岛已向东迁移了20千米，长度也减少了将近大半。现在岛长只有40千米，宽度却不到2千米，其外形像又细又长的月牙。全岛一片细沙，十分荒凉可怕，岛上没有高大的树木，只有一些沙滩小草和矮小的灌木。

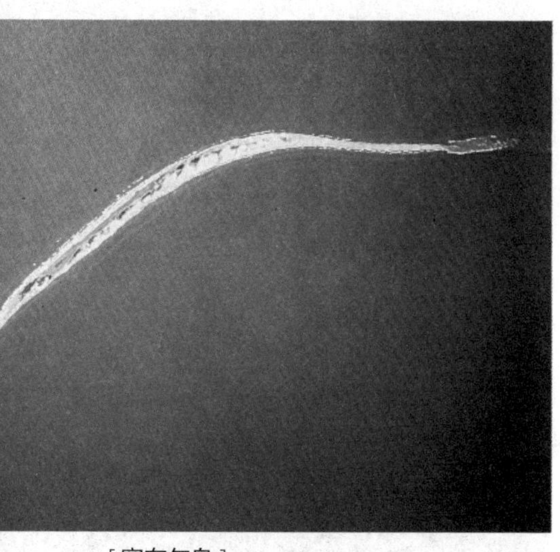

▲［塞布尔岛］

塞布尔岛的位置和面积经常发生迁移变化，岛的附近又大都是流沙和浅滩，许多地方的水深只有2～4米，加上该岛的气候恶劣，常有风暴，因此，船只很容易在这里搁浅沉没，被称为“死神岛”“海上坟场”“大西洋公墓”。

“塞布尔岛”一词在法语中的意思是“沙”，意即“沙岛”，这个名称最初是由法国船员们给它取的。

此岛位于从欧洲通往美国和加拿大的重要航线附近。从一些国家绘制的海图上可以看出，此岛的四周，尤其是岛的东西端密布着各种沉船符号。从遥远的古代起，在塞布尔岛那几百米厚的流沙下面，便埋葬了各式各样的海盗船、捕鲸船、载重船以及世界各国的近代海轮，估计先后在此遇难的船只不下500艘，丧生者多达5000余人。

“弗莱恩西斯”号

1800年，英国“弗莱恩西斯”号，在新斯科舍半岛发现了不少金币、珠宝以及印有约克公爵家徽的图书和木器。满载财宝的“弗莱恩西斯”号，从新斯科舍半岛起航后，便杳无音信。这事引起了英国政府的注意。

后来进行的调查搞清了真相：“弗莱恩西斯”号途经塞布尔岛，船员们与船一同被无情的海沙所吞没。

建立救生站

后来，英国的“阿麦莉娅公主”号又沉陷于塞布尔岛周围的流沙中，船员们无一生还。另一艘英国船闻讯赶来救援，不料也遭到同样的厄运。

连续的海难使得英国政府大为震惊，并决定在塞布尔岛上建造灯塔和救生站。

1802 年，塞布尔岛上建成了第一个救生站。虽然只有一间板棚，每天有 4 位救生员骑着马，两人一组在岛边巡逻，密切注视着过往船只的动向。

救生站建立后，发挥了巨大作用。1879 年 7 月 15 日，美国的“什塔特·维尔基尼亚”号客轮载着 129 名旅客从纽约驶往英国的格拉斯哥，途中因大雾不幸在塞布尔岛南沙滩搁浅。在救生站的全力营救下，全体船员顺利脱险。

▲［塞布尔岛岸边沉船残骸］

16 世纪末，法国殖民者曾打算将塞布尔岛设为监狱，第一批投放了 60 名重犯，结果还没把简易监狱设施修建完成，就死得只剩下 11 个人，最终不得不放弃。

塞布尔岛上的生态环境比较脆弱，现岛上生活有近 400 头野马，这些野马是由附近的沉船上幸存下来并逐年繁殖的。

“米尔特尔”号遇难

1840 年 1 月，英国的“米尔特尔”号被风暴刮进塞布尔岛的流沙浅滩，由于船员求生心切，在救援人员还未赶到时便纷纷跳海，结果全部丧命。两个月之后，空无一人的“米尔特尔”号被风暴从海滩中刮到海面，在亚速尔群岛又一次搁浅时，才被人们发现。

“拉·布尔戈尼”号遇难

1898 年 7 月 4 日深夜，法国的“拉·布尔戈尼”号行驶到这个海域，突然发生了异常情况：仪器表都失灵了，但没能查出故障所在，船像着了魔似的向塞布尔岛方向漂流，而且越漂越快，距航向越来越远。船长知道遇到了意想不到的灾难，便急忙下令弃船逃生。大船撞上塞布尔岛，不幸遇难。

▲［塞布尔岛现状］

塞布尔岛被划入加拿大版图后

塞布尔岛被划入加拿大版图后，为了航行安全，岛上现已建立起拥有现代化设备的救生站、水文气象站、电台、灯塔，并备有直升机。每当夜幕降临时，在30千米远的地方便可以看到岛上东西两座灯塔闪烁的灯光，每天24小时，岛上的无线电导航台不停地向过往的船只发送电波信号警告，使航行的船只自动远离这个区域。

塞布尔岛离加拿大东岸并不远，但是岛上不长一棵草木。原来岛上含有大量磁铁矿，所以它成了一块磁性极强的磁铁。轮船行驶到附近时，所有仪器仪表便会因受到干扰而失灵，钢质的船壳也会被岛吸引过去而深陷沙滩。由于这些沙子又是流动的，受到洋流风向的作用，时间一久遇难的船只就被埋得无影无踪。

尽管近几十年航船在该岛的罹难事件已大大减少，可有关塞布尔岛的传说还在告诫人们，避开这可怕的坟场。

◀［独居塞布尔岛40年的卢卡斯］

1971年，一名21岁的年轻姑娘卢卡斯踏上了塞布尔岛，毕业于加拿大哈利法克斯大学的卢卡斯是一名博物学、生物学领域的学者，其初期只是为了研究塞布尔岛上的野马是如何繁殖以及在海岛上是如何生存下来的。

她于1972年第二次在冬季登岛，亲眼看见了当地偷猎者在残杀海豹，地上那一抹红色鲜血把卢卡斯激怒了，她拿出防卫气枪逼退偷猎者，并向他们怒吼："以后，这个岛屿就是我的了，谁也不许杀害它们。"

为了保护海豹和野马不被猎杀，卢卡斯花光了自己的积蓄，往返十多次运送材料把原先犯人修建的设施（后期的救助站）改建成自己的小木屋。守护了塞布尔岛整整40年，在她的努力下，这里的海豹的数量从早期政府记载的12 000只（卢卡斯记录实际不到3000只）变成现在超过30万只，野马的数量也增长了6倍，达到了400多匹，鸟类达到了350多种。

能分能合的小岛

分合岛

在肯尼亚鲁道夫湖附近，有一个名为“分合岛”的神秘小岛，有时自行分离成两个小岛，有时又会自动合成一个小岛。

我们常说合久必分，分久必合，这套法则不但在人类社会中适用，还能适用于一个海岛。

在浩瀚辽阔的大西洋上，有一座神奇的小岛，在这座小岛的中央部分，有一条很长很深的裂沟，这条裂沟长到直接把这座小岛一分为二。

当裂沟慢慢变小时，小岛便会合二为一，当这条裂沟合上的时候，就好像这个小岛从来没有被分裂过一样。

但不久之后，裂沟又会慢慢把小岛一分为二，并且裂沟慢慢变宽。

如此这般，分分合合，日复一日、年复一年，也不知道过了多少个春夏秋冬。

这是一座荒芜的海岛，无人居住，连高大的树木也没有，只有一些稀松的植被和小草。不仅如此，这个岛上几乎没有动物存在，甚至爬行类昆虫也很难见到。

地球之上，每个完整的自然生态体系，都会出现不同的地势地貌，这座小岛或许正是因为没有高大的树木连接，才会不断地裂开、合拢，但具体是何原因造成的，目前没有任何解释。

▲ [小岛上的裂沟]

这个小岛中央部分裂开跟合上的时间完全没有规律，有的时候分开可能是三到四天或者是一到两天，合上或许是五到六天又或许是两到三天。

被诅咒的南马特尔遗迹

泰蒙岛

泰蒙岛有一处往大海里伸出去的珊瑚浅滩，浅滩上矗立着89座高大雄伟的建筑物，散布在长达1100米、宽450米的海域上。它们之间环水相隔，形成了一个个小岛礁。

◀［南马特尔1号］

在南太平洋波纳佩岛东南侧，复活节岛的西侧，有一个名叫泰蒙的小海岛。泰蒙岛延伸出去的珊瑚浅滩上矗立着一座座用巨大的玄武岩石柱纵横交错垒起的高达4米多的建筑物，远远望去怪石嶙峋，好像是大自然留下的杰作，近看又仿佛是一座座神庙。这就是太平洋上的“墓岛”。

19世纪，有一个名叫伯纳的德国考古学家听说了南马特尔遗迹的事情以后，也前来发掘文物。结果，死神很快就降临到了这个伯纳的头上，他也同样莫名其妙地暴毙了。

泰蒙岛是一个非常小的海岛，岛上没有玄武岩石头，人们建造那些建筑物用的玄武岩石头都是从波纳佩岛运送过来的。当地人把这些建筑物称为“南马特尔”，意思是：“众多集中的家”，或者“环绕群岛的宇宙”。这些遗迹一半浸没在海水之中，为此，人们只有在涨潮时才能驾着小船进入；退潮时，遗迹周围会露出一大片泥泞的沼泽地，没有人能进去。与同在太平洋上的复活节岛石像相比，南马特尔遗迹鲜为人知。而同样没人知道它是由谁建造的。

据当地人说，这些古墓的来历没有文字记载，而是完全靠口授，只有酋长本人和酋长的继承人才知道，且不得向外人泄露，否则就将遭到诅咒，死神将

▲ [南马特尔2号]

降临到他们的头上。

在第二次世界大战期间，日本人占领了波纳佩岛。日本学者杉浦健一曾利用占领者的权势，强迫酋长说出古墓的秘密，几天后，酋长遭雷击身亡。杉浦健一正打算将记录的古墓秘密整理成书出版，却不幸暴毙。后来杉浦家族委托泉靖一继续整理出版，奇怪的是泉靖一不久也暴毙，从此再也无人敢去干这件事情了。

为了解开南马特尔遗迹的建造之谜，近年来，不少欧美学者做了调查，他们都认为，这项宏伟工程远非当地人力所能完成。整个建筑用了大约100万根玄武岩石柱，如果每天有1000名壮劳力从事这项工作，那么光是采石就需要655年，将石料加工成五边形或六边形棱柱需要200～300年，最终完成这项建筑总共需要1550年时间。科学家们用碳十四对遗迹进行年代测定，查明古墓是在距今约800年前建造的。因此，学者们设想，这项工程不可能完全凭借人力完成。

美国的一个调查小组经过详细调查，认定南马特尔遗迹是在公元13世纪初萨乌鲁鲁王朝统治波纳佩岛时期作为王朝的要塞修建的。然而萨乌鲁鲁王朝经历了200多年就灭亡了。因此，在这样短的时间内就完成了南马特尔遗迹，怎么也不能使人相信。于是，南马特尔遗迹也就成了太平洋上又一个至今尚未解开的谜。

泰蒙岛的气候十分奇怪，刚刚还是阳光明媚，一瞬间就可能转为倾盆大雨，变化之快，令人费解。

20世纪70年代，日本的海洋生物学家白井祥平曾亲身感受到了这种天气的变化。当时，他和两位助手前往墓岛考察，在去的途中还阳光普照，碧波荡漾，但当他们要进入墓岛的时候，忽然乌云密布，阴风四起，电闪雷鸣，大雨倾盆而下，他们不得不撤出墓岛。结果他们刚一离开，马上就风停雨止，云散日出。

1907年，德国军队占领了波纳佩岛。后来有一个名叫伯格的德国人担任了波纳佩岛第二任总督。据说，这个伯格总督对南马特尔遗迹特别感兴趣，尤其对埋葬着一个叫伊索克莱酋长的那座坟墓充满了好奇，总想把坟墓挖开看一看。

有一天，伯格想尽一切办法，终于从当时酋长的嘴里了解到了一些关于那座坟墓的情况。于是，他立刻下令挖掘伊索克莱的坟墓。没想到，诅咒应验了，死神降临到了伯格的头上。在他下令挖掘伊索克莱酋长坟墓还不到一天的时间里，他就暴死了。

能使人如烈焰般自焚的禁地
火炬岛

火炬岛位于加拿大北部地区的帕尔斯奇湖北边，是一个面积仅有1平方千米的圆形小岛，当地人又称其为普罗米修斯的火炬。

▲［普罗米修斯］

普罗米修斯是希腊神话中最具智慧的神明之一，也是最早的泰坦巨神后代，名字有“先见之明”的意思。他是泰坦十二神的伊阿佩托斯与海洋女仙克吕墨涅的儿子。普罗米修斯不仅创造了人类，而且给人类带来了火，还很负责地教会了人类许多知识。

传说，普罗米修斯为人类盗来火种以后，把引燃火种的茴香枝顺手扔进了北冰洋。奇怪的是，茴香枝着火的一端并没有沉下去，而是浮在水面继续燃烧，天长日久，便形成了一个小岛——火炬岛。经过数年的风吹雨打，火炬岛上的火渐渐熄灭了。但是，它却有一种神奇的魔力，人一旦踏上小岛，就会如烈焰般自焚起来。

马斯连斯被活活烧死

17世纪50年代，荷兰人马斯连斯到帕尔斯奇湖寻宝。好心的当地人怕他们误闯火炬岛，便再三叮嘱道：“火炬岛是我们的禁地，你们切记不要上岛去呀。”

马斯连斯并没有理睬当地人的忠告，他和同伴们每人驾着一排木筏，缓缓地向火炬岛划去。

当地人的忠告让马斯连斯的几个同伴胆怯起来，马斯连斯便独自跳上火炬岛。突然，他全身上下都着火了，马斯连斯疼得狂喊大叫，一下子跃进湖里，可是不管他怎么做，也无法把身上的火扑灭。同伴们都吓得谁也不敢跳下去救他，只能眼睁睁地看着他被活活烧死。

加拿大物理学院的布鲁斯特教授认为：这种人身自焚现象并非现在才发生，而是历来就有的，他用英国作家狄更斯在小说《荒凉山庄》中的描述来支持自己的观点：1851年，佛罗里达州的一位67岁的老妇人被烧成灰烬。布鲁斯特认为，这是典型的人体自焚事件，与外界条件毫无关系。

从此以后，火炬岛能使人自焚的事便传开了。

莱克夫人化为了焦炭

时间来到1974年，加拿大萨斯喀彻温大学的伊尔福德教授组织了一个考察组，特地到火炬岛附近进行调查。通过细致的考察和分析，伊尔福德认为：火炬岛上的人体自焚现象是一种电学或光学现象，即由电击或雷击导致的人体自燃。于是所有的考察组成员都穿上了用绝缘耐高温材料做成的防火服。在考察时人们并没有发现什么怪异的地方。

在考察快结束时，考察队员莱克夫人说："我怎么觉得心里发热，腹部好像火烧一样，这是怎么了？"听她这么一说，伊尔福德立刻警觉起来，组织大家从原路撤回。莱克夫人走在队伍的最前面。

队伍刚走没多远，只见阵阵烟雾从莱克夫人的口鼻中喷出来，接着又闻到一股肉被烧焦的煳味，很快，莱克夫人化为了焦炭，而那套防火服居然完好无损。

此事引起科学界的一片哗然，引发了人们关于火炬岛神秘现象的探讨。同时，这个美丽的小岛更披上了一层恐怖的面纱，让好奇的人望而却步。

值得说明的是，从1974—1982年，相继有6个考察队前往火炬岛，但无一例外的都是无功而返，而且每次都有人丧生。于是，当地政府不得不下令禁止任何人以科学考察的名义进入火炬岛。

火炬岛仍旧静静地坐落在帕尔斯奇湖畔，似乎等待着人们去揭开笼罩在它身上的神秘面纱。

在火炬岛不远处，有一个奇怪的不冻深潭，人们称它为"不沉湖"或"上帝的圣潭"。该潭非常奇怪，不但排斥人，而且排斥任何物体：仪器不能沉入，潜水员无法潜入水中。无论什么物质扔到潭里，都会漂浮在水面。

▲［火炬岛］

传说在很久以前，一个印第安王国遇到了外族的入侵。国王、王子们英勇顽强地战死在沙场，只有一位美丽的公主遵循父命，带着王室的财宝和几个女仆一起出海避难，以图将来卷土重来，报灭族之仇。公主和女仆们来到了一座没有人烟的无名荒岛，过着原始的流亡生活，等待复仇雪恨的时机到来。

公主的两位女仆密谋偷窃财宝，然后驾船逃离孤岛。后来密谋败露，公主下令将那两位贪心的女仆活活烧死，并当众宣布这笔巨大的财富，只能用于复国报仇，将由她亲自密藏于小岛上，谁也不得动用。公主向苍天诸神立下誓言，谁企图盗窃这些财富占为己有，谁就将落得与贪心女仆同样的下场，就像一把火炬那样被活活烧死，变成灰烬。

可是，公主一直没有等到复国报仇的机会，那笔财宝也就一直埋藏于荒岛上。据说，从此以后凡是登上此岛对宝藏产生贪心的人，苍天诸神就会令他那颗贪婪的心膨胀、发热、发烫，直至起火燃烧，最后整个人体就像一把火炬般熊熊燃烧殆尽。火炬岛也就由此得名。

无法解释的“集体幻觉”
南海神秘岛

这是一个在人们意想不到的时候突然出现，又在不知不觉中消失的岛屿，南海中的“神秘岛”到底隐藏着什么秘密？

▲［幽灵岛］

我们生活在一个十分有趣而又非常复杂和充满神秘的世界。

“拉纳桑”号“集体幻觉”

1933年4月，法国考察船“拉纳桑”号来到我国南海进行水文测量。突然，船员们见到航道上多出一座无名小岛。可在半个月后，当他们再来这里时，却又不见了这个小岛的踪影。对于这个时有时无、出没无常的神秘小岛，大家都莫名其妙，不明真相，只好在航海日志上注明：这是一次“集体幻觉”。

“联盟”号“集体幻觉”

1936年5月的一个夜晚，一艘名叫“联盟”号的法国帆船航行在南海海域。这艘新的三桅帆船准备开往菲律宾装运椰干。在经过我国南海时，船长苏纳斯清清楚楚地看到了前方有一个小岛。他感到纳闷，过去经过这里时从未见过这个小岛，难道它是从海底突然冒出来的吗？可是岛上密密的树影，又不像是刚冒出海面的火山岛。

经过查阅海图，确定船的航向准确无误，罗经、测速仪也工作正常。再查看《航海须知》，都没有这片海域有小岛的记载，而且每年都有几百、上千条船经过这里，它们之中谁也没有发现过这个岛屿。

苏纳斯船长还在疑虑中，忽然前面的岛屿不见了，可过了一会儿，小岛又在船的另一侧出现了！船头却突然一下子翘了起来，船也一动不动了。船员们

▲ ［南海］

一个个惊得目瞪口呆。显然，船是搁浅了。

船员们终于看清大海上确实有两个神秘的小岛，“联盟”号在其中的一个小岛上搁浅了，而另一个小岛约有 150 米长，它是一块笔直地直插海底的礁石。

好在船的损伤并不严重。经过全船人员努力，“联盟”号脱险后驶离小岛。

而此时，两个小岛渐渐地消失在人们视野之中。这一场意想不到的险恶遭遇，使全船的人都胆战心惊。精疲力竭的船员们默默地琢磨着这一难解之谜。

“联盟”号抵达菲律宾后，询问当地人却都未听说过南海海域有这样的小岛，显然，大家都认为这是“联盟”号船员的“集体幻觉”。

苏纳斯船长返回时想再寻找这两个小岛，却怎么也找不到。两个小岛已经消失得无影无踪了。

人们对这种“集体幻觉”了解得还很少，需要海洋科学工作者做大量的调查工作，收集更多的见证，以便早日揭开这个谜。

南海有丰富的海洋油气矿产资源、滨海和海岛旅游资源、海洋能资源、港口航运资源、热带亚热带生物资源，是我国最重要的海岛和珊瑚礁、红树林、海草床等热带生态系统分布区。我国汉代、南北朝时称为涨海、沸海，清代逐渐改称南海。

◀ [自转岛]

西印度群岛位于南美洲北面，为大西洋及其属海加勒比海与墨西哥湾之间的一大片岛屿，由1200多个岛屿和暗礁、环礁组成。它是拉丁美洲的一部分。把这些岛群冠以“西印度”名称，实际上是来自哥伦布的错误观念。1492年当哥伦布来到这里时，误认为是到了东方印度附近的岛屿，并把这里的居民称作印第安人。后来人们才发现它位于西半球，因此便称它为西印度群岛。由于习惯上的原因，这一名称沿用至今。

自转小岛

旋转岛

小岛自转，这样奇怪的现象确实非常引人注目，但是这座小岛的自转并未对周围造成什么危害，而且除了会自转外并没有其他的特点。

据说地球的自转是因为地球及太阳均处于以太当中，所以地球和太阳都会受到来自以太的作用力，因此沿着以太的方向运动，可是在这期间地球又受到太阳的吸引，在这两种力的作用下，地球开始了自转。不过，一个浮在海面上的小岛，为什么能够自转呢，有什么力量吸引着它?

这座岛是西印度群岛的一个无人岛，大大小小的沼泽地分布在岛上，它竟然会像地球自转那样，可以一直不停快速地旋转，最快可以每分钟转一圈，最慢时也可以12分钟转一圈，而且从来都不会出现反转的现象。这可真是一件闻所未闻的怪事！

以太是物质世界诞生之初产生的第一种最基本元素，形态为暗红色空间意识流体，作为空间供物体占用，物质界内一切元素以及物质都由以太构成。其本质是一种意识力，表现为意识频率在物质界频率的一种意识流。

这个旋转的岛屿是一艘名叫“参捷”号的货轮在航经西印度群岛时偶然发现的。岛很小，船长在一棵树的树干上刻下了自己的名字、登岛的时间和他们的船名，便和随员们一起回到了原来登岛的地点。

这时他们发现登岛的地方离刚才停船的地方差了好几十米！但是，铁锚却十分牢固地钩住海底，丝毫没有被拖走的迹象。

后来根据观察，他们发现，小岛本身在旋转，至于旋转的原因，就众说纷纭了。

有人猜测，这座岛其实应该是一座冰山，在海面上漂浮，所以小岛随着海水的涨落而旋转。但是别的浮在海上的冰山小岛为什么就不能自转呢？而且这样有规律的自转应该是被某种事物吸引导致。真相究竟如何，谁也不能断言，只好留待科学家们去研究了。

▲［另一个自转的小岛：谷歌地图显示］
谷歌地图的历史记录显示，内圆小岛会运动，而且运动方式是在外圆之中进行自转。

在古印度，以太又被称为阿卡夏，是火、水、土、空气四大基本元素的创造者，主声音，亦是空间的代名词。

在古中国，以太又被称为炁（真炁、元炁、祖炁），意为原始生命能量。

▲［西印度群岛风景］

阿根廷专门研究超自然现象的研究团队于阿根廷首都布宜诺斯艾利斯近郊坎帕纳附近调查 UFO 案例时，意外发现这块神秘区域中，存在一座外形非常规则的小岛，周围的水温异常地低且会自转，科学家至今无法解释这种自然现象。

这座小岛不大，在谷歌地图中的具体位置位于 34°15′07.8″S，58°49′47.4″W 处，从地图中来看像是由两个圆圈套在一起所形成的特殊地理结构。经谷歌测量显示，内圆（即小岛）的直径约 100 米，外圆地质结构直径约 120 米。

谷歌地图的历史记录显示，内圆小岛会运动，而且运动方式是在外圆之中进行自转。

世界的肚脐

复活节岛之谜

若是要谈起世界上怀疑有外星人足迹的地方，除了金字塔之外，那么就要数复活节岛了。

神奇的海岛

▲ [复活节岛]

复活节岛的第一个发现者是英国航海家爱德华·戴维斯，当他在1686年第一次登上这个小岛时，发现这里一片荒凉，但有许多巨大的石像竖在那里，戴维斯感到十分惊奇，于是他把这个岛称为“悲惨与奇怪的土地”。

1722年4月荷兰西印度公司组织的太平洋探险队在当月22日发现了这个小岛，由于这天是“基督教复活节的第一天”，海军上将雅各布·罗格文把它命名为“复活节岛”，意思是“我主复活了的土地”。

复活节岛是智利共和国的瓦尔帕莱索地区属岛，它位于东南太平洋上，在南纬27度和西经109度交会点附近，面积约117平方千米。它距离南美大陆智利约3000千米，和太平洋上其他岛屿的距离也很远，所以它是东南太平洋上一个孤零零的小岛。该岛形状近似呈三角形，是在大约100万年前由海底的3座火山喷发形成的。1686年英国航海家第一个发现这个小岛。1722年4月，荷兰

▲ [复活节岛上的石雕]
据说这些雕像原来都是背海而立，位于圆形的平台上，但由于年代久远，石像大部分已东倒西歪，散落于荒原之中了，有的还有明显被破坏的痕迹。

海军上将雅各布·罗格文航行经过这里再次发现了这个岛，因为当天是耶稣复活节，于是被命名为“复活节岛”，这个小岛的名称就这样沿用了下来。

“世界的肚脐”

令人惊讶的是，复活节岛的居民称自己居住的地方为“世界的肚脐”。宇航员从高空鸟瞰地球时，才发现这种叫法完全没错——复活节岛孤悬在浩瀚的太平洋上，确实跟一个小小的“肚脐”一模一样。难道古代的岛民也曾从高空俯瞰过自己的岛屿吗？假如确实如此，那又是谁，用什么飞行器把他们带到高空的呢？

巨大石雕像

复活节岛还以其巨大石雕像而著名。岛上有约 900 座以上神情严肃、样貌似人非人的巨石像以及大石台遗迹。它们背靠大海，面对陆地，排列在海岛的岸边上。不少人以为复活节岛巨石像只有肩膀及头部，石像其实是有身体的，它们的身体被埋入地下 10 米之深。但是，

▲ [复活节岛早期居民——1777 年绘制]

▲ [复活节岛上的石雕背部花纹]

▲ [复活节岛上石雕背部的花纹]

石像在泥下 10 米的背部，竟然有大量“纹身”图案。

奇怪的是到底这些巨大的石像是谁雕出来的？又有什么用途呢？它们被怎么搬到这个地方的呢？又是怎么被埋入地下如此之深的？

科学家们对它们进行了长期的研究，都得不出一个科学的解释。复活节岛也因此被世界上许多人称为“神秘之岛”，关于它的许多疑问，又被世人说成是“复活节岛之谜”。

复活节岛的土著将自己的故乡称为“吉·比依奥·吉·赫努阿”，即“世界中心”的意思，而波利尼西亚人以及太平洋诸岛的土著居民称它为“拉帕一努依”，这个名称更令人费解，也颇含神秘色彩，因为直译过来就是“地球的肚脐”。

离奇的小岛失踪案

南太平洋“间谍岛”

美国曾在南太平洋找到了一个不起眼的小岛，在岛上布置了间谍设备以及监控人员，用来收集并监控周边国家的情报。没想到这样一个重要的岛屿忽然有一天从海洋中消失得无影无踪。

▲ [珊瑚岛]

珊瑚岛一般分布在热带海洋中，是由活着的或已死亡的一种腔肠动物——珊瑚虫的遗骸构成的一种岛，因此称为珊瑚岛。根据它形成的状态，可将珊瑚岛分为岸礁、堡礁和环礁3种类型。
岸礁分布在靠近海岸或岛岸附近，呈长条形状，主要分布在南美的巴西海岸及西印度群岛，我国台湾岛附近所见的珊瑚礁大多是岸礁。
堡礁分布距岸较远，呈堤坝状，与岸之间有泻湖分布。最有名的就是澳大利亚东海岸外的大堡礁。
环礁分布在大洋中，它的形状极其多样，但大多呈环状，主要分布在太平洋的中部和南部，而且多呈群岛分布。

南太平洋历来是国际上的交通要道，因而成了人们争夺的主要航道。美军曾在一个无人居住的珊瑚岛上，建造了一座雷达站，发出强大的电波对周围的海域和天空进行探测。它24小时和五角大楼保持着联系，报告南太平洋的情报。

由于它极其重要的地理位置，美国中央情报局便把这个小岛命名为“间谍岛”。“间谍岛”的侦察系统自从设立以来就非常有效地发挥作用。1990年夏

▲［经过放大后的珊瑚虫子嫩芽］

珊瑚虫身体呈圆筒状，在生长过程中能吸收海水中的钙和二氧化碳，然后分泌出石灰石，变为自己生存的外壳。经过很久的积累，珊瑚岛能供人居住，它的遗骨坚硬，可以开采作为砖石或烧制石灰。珊瑚的骨骼也可制作工艺品，有观赏价值。然而，它们同时也形成了许多海底暗礁，对航海的安全有一定的影响。由大量珊瑚形成的珊瑚礁和珊瑚岛，能够给鱼类创造良好的生存环境，加固海边堤岸，扩大陆地面积。

我国南海的东沙群岛和西沙群岛、印度洋的马尔代夫岛、南太平洋的斐济岛以及闻名世界的大堡礁，都是由小小的珊瑚虫建造的。

在大自然中有许多奇妙的“动物数学家”。珊瑚虫能在自己身上奇妙地记下“日历”：它们每年在自己的体壁上“刻画”出365条环纹，显然是一天画一条。奇怪的是古生物学家发现，3.5亿年前的珊瑚虫每年所“画”的环纹是400条。可见，珊瑚虫能根据天象的变化来“计算”“记载”一年的时间，结果相当准确。

季的一天，电波突然中断。美国中央情报局对此十分震惊，他们怀疑是俄罗斯间谍干的，于是就派了一艘小舰艇去悄悄地调查此事。可调查人员来到这片海域，却惊愕地发现找不到那座珊瑚岛。岛上的十多名美军人员也和小岛一同神秘失踪。美军派出潜水艇在这一带海底搜索，也一无所获。

到底是什么原因使这座珊瑚岛消失了呢？专家们纷纷对此发表自己的看法，有人认为是地震把小岛给震到海里去了；有人认为是外星人偷走的；也有人认为是俄罗斯人在底下埋了大批的炸药，把小岛给炸没了。但是这些可能被一一排除，原因是这座小岛一直处于卫星雷达的严密监控之下，这些行动不可能不被发现。

这确实让美国专家大费了一番脑筋，最后调查的结果竟然是“海星鱼”把海岛给吃了。这种鱼身体很大，直径1米左右，宛如大圆盘，其上密布毒刺，这种“海星鱼”能够排出一种毒液，用来软化包括珊瑚礁在内的小岛。它们喜欢吃珊瑚和珊瑚礁石，且胃口颇佳，一条海星鱼一昼夜就能吃掉2平方米的珊瑚礁。美国的那座“间谍岛”面积小，只够750条海星鱼一昼夜的食物。

这算是个合理的解释，但是间谍岛上的通信工具那么发达，这种“海星鱼”在撕咬小岛的时候难道一直不被发现吗？为什么美国相关部门没有收到任何求救信号，这又是一个很难被解开的谜。

神秘的岛屿

巨人岛催人长高之谜

有一个记者曾经这样写道："在这里，人们好像进入了童话中的世界，男人有近 2 米高，小孩都比岛外的普通成年人高。我在他们眼里，好像是从小人国来的。"

巨人岛最早的居民是西沃内印第安人。大约在公元 300 年，阿拉瓦克族人在此定居下来。他们身材高大威猛，体格强壮，通过捕鱼和狩猎，在这片土地上生活着。14 世纪末，加勒比族攻陷了这里，他们奴役了阿拉瓦克族女人，令其为他们延续后代，同时又阉割了阿拉瓦克族男人，将其养肥，在祭祀典礼上吃掉那些养肥的阿拉瓦克男人。现在的马提尼克大部分居民是黑人和黑白混血种人，纯法国血统居民不多，还有少量印度人和华人。部分印度人保留着自己的传统习俗与宗教信仰。

巨人岛位于加勒比海的安地列斯群岛的向风群岛最北部，它的名字叫马提尼克岛，曾被哥伦布赞为"世界上最美丽的国家"（1977 年，该岛成为法国的一个大区）。岛上自然风光优美，有火山和海滩，盛产甘蔗、棕榈树、香蕉和菠萝等植物。

▲ [哥伦布像]

1502 年，西班牙航海家哥伦布在他第三次航行中，来到了马提尼克，发现了这个岛屿，于是将其宣称为西班牙王室所有。

1635 年法国殖民总督来到马提尼克岛。同年，他和他的部下建立一个小海港抵御加勒比族的攻击，并在 1658 年灭亡了加勒比族。1674 年，法国宣布该岛为法国领地。

身高没有达到 1.8 米，就会被同伴"耻笑"

从 1948 年起，这个小岛上出现了一种奇怪的现象，居住在岛上的人的身体突然都开始长高，成年男人的平均身高达 1.90 米，成年女人的身高也超过了 1.74 米。如果在该岛上的男子身高没有达到 1.8 米，就会被同伴"耻笑"。

而且不光是岛上的土著居民，外地人来到这个小岛生活一段时间后，身体

阿拉瓦克人爱好和平，在西班牙人侵入加勒比海地区后，受天花的影响，加上加勒比人的侵扰和西班牙人的残酷统治，导致人口急剧减少，如今阿拉瓦克人已经在加勒比海地区绝迹，仅在南美洲有极少阿拉瓦克人幸存，主要聚居在苏里安。

▲ [巨人岛奴隶纪念碑]

1635年法国殖民总督来到马提尼克岛，其后在1674年法国宣布该岛为其领地。法国在这里开展奴隶贸易。在1830年的晚上，一艘贩运奴隶的船只，撞到岩石在海中沉没，不少黑奴被淹死。之后，马提尼克的雕塑家洛朗，在当年父辈出事的海边山坡上修建了十几个石人，这些石人低着头、驼着背，跪立在地上，面向大海。这个壮观的雕像现在被称作奴隶纪念碑，成为马提尼克的景观之一。

也会很快长高。

这种现象引起了科学家们的极大兴趣，他们纷纷来到这里进行考察。有一个64岁的法国科学家和一个57岁的英国科学家，他们为了研究“巨人岛”的秘密，在这里居住了下来。两年后两个人惊奇地发现，他们分别长高了9厘米和6厘米。

此外，还有很多老年人在这里长高的例子。英国有一个旅行家帕克夫人，她已经年近花甲，在“巨人岛”上生活了一个月后，竟然发现自己增高了3厘米，更让科学家们感兴趣的是，不仅这个小岛上的人会长高，动物、植物也会长高。从1948—1958年，岛上的苍蝇、蚂蚁、甲虫和蛇等动物都比以前增长了约8倍。特别是这个岛上的老鼠，长得和猫一样大，看上去非常吓人。

曾经有一个飞碟降落到了这里

对于这种奇怪的现象，科学家们的解释并不一致。有的人认为，在1948年曾经有一个飞碟降落到了这里，然后被埋在了地下。这个飞碟从地下放射出一种辐射光，正是这种光使岛上的所有生物都开始长高。

也有的人认为，催人长高的放射性物质不是来自飞碟，而是来自岛上的一种蕴藏的矿物。但是这种放射性物质究竟是什么，科学家们直到现在也没有研究出来。

“巨人岛”成人增高之谜，在先后

经历过“辐射论”“飞碟论”“地球引力论”“磁场效应论”等多种学说后，最终被科学家认定为“火山黑晶石”和“地球引力场”两方面的原因所致。

催长原来是因为这小小的石头

美国科学家格莱华博士及其助手为了研究马提尼克岛的奥秘，在岛上生活了 8 年，通过研究最终将目标锁定在了岛上的稀有矿石——黑晶石。他们通过小白鼠试验发现，经常饮用黑晶石泡过的水的小白鼠，要比饮用普通火山岩石泡过的水的小白鼠，个头上要大一倍，生长速度要快 40%。而且只有幼年小白鼠会在饮用黑晶石水之后出现生长发育加快的情况，而成年的小白鼠则效果很不明显。

而在为期 12 个月的人类试验中，也得到了相同的结果，青少年在服用黑晶石水之后，生长发育明显增快，最高增幅可以达到 23 厘米，身体健康状况明显改善，免疫力增强，而超过 30 岁之后的成年人，则增长缓慢，平均增高只有 3 厘米。

这充分说明，马提尼克岛的黑晶石是引起岛上动植物生长加速的主要原因，其原理是黑晶石内的特殊矿物质刺激人体的脑垂体，引起生长激素的分泌和免疫因子的激活，从而导致生长发育加快，免疫力增强的现象发生。

格莱华博士经过 8 年的统计得出，并不是所有在岛上待过的人都会长高，也不是待的时间越长就长得越高。事实上，有的人在岛上待了十多年也并没有明显的增高，主要原因就是因为黑晶矿并不是在全岛都有分布，这类矿石只在火山井附近地下 500 米以下可以开采到，而且数量不多。

而马提尼克岛总面积有 1130 平方千米，并不是所有的水流都可以接触到黑晶石的，这就是马提尼克岛能够使人增高，但并不是绝对的原因。

▲ [马提尼克黑晶石]

马提尼克岛的斐尔坝拉人还有一个习俗——从不弯腰。即使是跪着，也是挺直自己的腰杆。即使最贵重的物品失落在地上，他们也从不弯下腰去拾取，而是拔下插在背上的一个竹夹，挺着腰用竹夹夹取。

在 1635 年，马提尼克岛被法国侵略军占领。法国侵略者经常欺辱斐尔坝拉人，把他们当牲口骑。为此，有一个叫耐特森的头人，在被一个法国侵略者骑时，猛地跳起来将骑着他的法国侵略者摔得很远，并说：“我们斐尔坝拉人要永远站着，不弯腰！”从此，这个民族就养成了不弯腰的习俗。

神秘的存在

幽灵岛

一提到幽灵，人们会想到那种飘忽不定、形状模糊的东西。人们也听说过幽灵船、幽灵战舰，还没听说过幽灵岛，岛上有幽灵还可信，要说这岛本身就是个幽灵，会不会觉得吃惊呢？但这是的确发生的事，那种岛行踪诡秘，时隐时现，至今科学也无法解释。

西方人酷爱航海，而历来航海史上怪事多多。

▲ ［以幽灵岛为题材的电影海报］

斯匹次培根群岛以北的幽灵岛

1707 年，英国船长朱利叶在斯匹次培根群岛以北的地平线上发现了陆地。但是，他总无法接近它。他相信这不是光学错觉，于是便将“陆地”标在地图上。过了近 200 年后，俄罗斯海军上将玛卡洛夫的考察队乘“叶尔瓦克”号破冰船到北极去，考察队员们再次发现了朱利叶当年所见到的陆地。1925 年，航海家沃尔斯列依也在这个地区发现了这个岛屿的轮廓。可是到了 1928 年，当科学家们前去考察时，却没有发现这个地区有任何岛屿存在。类似这样的情况，在地中海也发生过。

地中海西西里岛西南方的幽灵岛

1831 年 7 月 10 日，一艘意大利船在地中海西西里岛西南方的海上航行时，船员们目睹了一场突现的奇观：海面上

1943年，日军在太平洋和美军交战中节节失利。日军将1000多名伤病员和一些战略物资运到一个荒无人烟的海岛上。谁知一个多月以后，再也找不到该岛。1000多人和物资也随小岛一起消失了。美国侦察机也发现过该岛，并拍了详细的照片，发现有日军躲藏，等派出军舰前来搜索时却发现这里水域茫茫一片，什么也没有。战后，日本、美国都派出海洋大型考察船前来这一海域搜索，并派出潜水员深入海洋底部寻找了较长时间，未发现任何踪影。

▲［海洋生物化石］

涌起一股20多米高的水柱，方圆近730多米。转眼间，水柱变成了一团烟雾弥漫的蒸汽，升到近600米的高空。8天后，当这艘船返回时，突然发现这里出现了一个冒烟的小岛，四周海水中布满多孔的红褐色浮石和不可胜数的死鱼。到了这一年的8月4日，这座小岛已经“长高”到60多米。由于这小岛诞生在航运繁忙、地理位置重要的突尼斯海峡，因此引起了各国的注意，许多科学家冒着仍然灼热的蒸汽，上岛进行考察。他们发现岛上既没有动植物，也没有贝壳和海藻，只有浮石、火山渣和纺锤形的火山弹等物质覆盖了整座小岛。随后，英国、法国、德国先后派专家前去勘查，

德克尔斯蒂岛是一座盛产海豹的小岛，它是100多年前由英国探险家德克尔斯蒂发现的，它也因此而得名。大批的捕捉者来到了这个盛产海豹的岛上，并建立了修船厂和营地，但此岛却在1954年夏季突然失踪了。大量的侦察机、军舰前来寻找均无结果。事隔8个月以后，一艘美国潜水艇在北大西洋巡逻，突然发现一座岛屿出现在航道上，而航海图上却从来没有标识过这样一个岛屿。潜水艇艇长罗克托尔上校经常在这一带海域航行，发现此岛后大为震惊，罗克托尔上校通过潜望镜发现岛上有人居住，有炊烟，于是命令潜水艇靠岸登陆。经过询问岛上的居民才知道，这正是8个月前失踪的德克尔斯蒂岛。

并争先恐后地为小岛命名。“费迪南德岛”便是其中之一。英国国王更是匆匆宣布，该岛的主权为英国所有。正当人们忙于为这个新岛测量、命名，将它画入海图，并确定其归属权时，在当年的9月9日，即小岛“出生”后一个多月，它突然又缩小到了原来的1/8大小；又过了两个月，这个小岛居然在海面上消失得无影无踪了！在以后的岁月中，它又多次露出水面，但接着又隐藏起来了。

▲ [麻姑雕像]

晋·葛洪《神仙传·麻姑》：“麻姑自说云：接侍以来，已见东海三为桑田。”这是说一个叫麻姑的神仙，她说：“自从得了道接受天命以来，我已经亲眼见到东海三次变成桑田。”

汤加王国西部海域中的小拉特岛屿

在南太平洋的汤加王国西部海域中，有个名叫小拉特的岛屿。据历史记载：1875年，它高出海面9米；1890年，高于海面达49米；1898年，该岛消失，沉没水下7米；1967年，它又冒出海面；1968年，它又消失了；1979年，再次出现……

像这种时隐时现、出没无常的岛屿，人们称为“幽灵岛”。“幽灵岛”在爱琴海桑托林群岛、冰岛、阿留申群岛、汤加海沟附近海域曾多次发现过。它是海底火山耍的把戏：火山喷发，大量熔

在日本宫古岛西北20千米的海面上，也有一个幽灵似的小岛，面积150平方千米。可惜一年当中只有潮水变化最大的一天才肯露出海面，而且仅仅3个小时，其他时间则一概看不到它。

岩堆积，火山停止活动后便成岛屿；一段时间后，岛屿下沉、剥蚀，隐没在海面下。

“幽灵岛”不再神秘的证据

“幽灵岛”的神出鬼没是发生在地球上的自然现象，有科学家称之为海陆变迁。海陆变迁是指在地球表面某位置发生的由海变为陆或由陆变为海的变化，也可称为洋陆转化。

▲［沈括雕像］

早在北宋时期，沈括在《梦溪笔谈》中就记载太行山中发现许多海螺、海蚌壳等生物化石。可见太行山地区也曾经是一片海洋。另外，在我国青藏高原珠穆朗玛峰地区发现大量菊石化石，还有鱼骨、海螺、海藻等大量的海洋生物化石。这些海洋生物化石的发现说明在远古时代喜马拉雅山地区曾经是海洋。

除了海洋变陆地的证据外，当然还有陆地变海洋的证据。据科学家考察和研究发现，东非大裂谷形成于1000多万年前的地壳断裂作用，地壳的活动形成了这一巨大的陷落带。目前东非大裂谷仍在以每年5厘米的速度向两侧扩张，科学家们曾预测，按照这种速度扩张下去，在2亿年后，东非裂谷间将会形成一个新的海洋。

了解海陆变迁，“幽灵岛”的忽隐忽现就不再神秘了。

深埋大海的沉船遗迹

Wreck of Deep Sea

世界上最大的不沉之船

“泰坦尼克”号沉没之谜

“泰坦尼克”号由位于爱尔兰贝尔法斯特的哈兰德与沃尔夫造船厂兴建，该船是奥林匹克级邮轮的第二艘巨大豪华客轮，被称为“世界工业史上的奇迹”“永不沉没的船”和“梦幻之船”。

“泰坦尼克”号是由英国白星轮船公司耗资7500万英镑打造的当时世界上最大的豪华客轮。1912年4月14日，“泰坦尼克”号的处女航从英国南安普敦出发，计划驶往美国纽约。“泰坦尼克”号载着1316名乘客和891名船员，于4月15日在北大西洋沉没。船上2207名旅客中，仅有705人生还。该海难也被认为是20世纪人间十大灾难之一。百余年来，关于“泰坦尼克”号沉没的原因，一直是人们争论不休的话题。

▲［“泰坦尼克”号残骸］

爱德华·史密斯指挥不当

在“泰坦尼克”号沉没后不久，两个政府调查小组的结论都认为船体本身没有任何问题，主要原因是船长爱德华·史密斯指挥不当。但英国《太阳报》说，一封从未曝光的信件显示史密斯在邮轮撞上冰山时，可能喝醉了。

冰山“隐身”的现象

英国历史学家蒂姆·马尔廷认为，“泰坦尼克”号同冰山发生致命碰撞是因为当时的天气条件制造了冰山“隐身”的现象，等到船员发现巨大冰山再想调转船头时已经来不及了。

千载难逢的三种天文现象

美国得克萨斯州立大学的一些科学家认为，导致“泰坦尼克”号沉没的诸多因素中就有“满月现象”。天文学家们的解释是：在“泰坦尼克”号出事前三个月，也就是在1912年1月4日，月球与地球之间的距离是1400年以来的最短距离；

▲ [《泰坦尼克号》海报]

《泰坦尼克号》是美国20世纪福克斯公司和派拉蒙影业公司共同出资，于1994年拍摄的一部浪漫的爱情灾难电影。

影片以1912年“泰坦尼克”号邮轮沉没事件为背景，讲述穷画家杰克和贵族女露丝抛弃世俗的偏见坠入爱河，最终杰克把生命的机会让给了露丝的感人故事。

而且月亮和地球距离最短的时间点是在满月形成后6分钟内；此外，就在出事前1天，地球和太阳的距离也是当年最近的。这三种天文现象同时发生真是千载难逢。这种极端异常的天象引发的巨大潮汐的力量足以将大量北极冰山拍打到海洋中，使它们在4月份的时候正好飘移到“泰坦尼克”号的航运路线上。

遭到不明潜水飞行物射出的激光

1985年，海洋勘察人员在大西洋底终于发现了已沉睡73年的“泰坦尼克”号。他们在对其残骸进行勘察时，在其右舷的前下部发现一个直径恰好是90厘米的大圆洞。科学家由此得出一个令人震惊的结论：“泰坦尼克”号是意外遭到不明潜水飞行物射出的激光束的攻击而进水翻沉的。

神秘的木乃伊

还有一种说法，在“泰坦尼克”号的船上，存放着一个很古老的木乃伊，只要与这个木乃伊有关系的人不是生了一场大病，就是死亡。由于“泰坦尼克”号的沉船，木乃伊也神秘地消失了，任人们怎么打捞，也未能发现木乃伊的存在，这仍是一个未解之谜了。

美国《旧金山纪实报》记者获得的一份绝密档案中说：“据幸存的‘泰坦尼克号’船员证实，海难发生时，他们站在‘泰坦尼克号’的甲板上观察，发现大海中有一些奇怪的‘鬼火’神出鬼没地运动着，这些‘鬼火’像是从一艘来历不明的‘幽灵船’上跑出来的。”

消失前奇怪的电台呼号

“慕尼黑”号失踪之谜

1980年6月2日，法院对“慕尼黑”号的沉船作了详细介绍。来自多国的证人先后到庭作证。许多证词自相矛盾，引起了长时间的激烈辩论。

▲［“慕尼黑”号载驳船］

SOS，目前国际通用的摩尔斯电码求救信号，船只在浩瀚的大洋中航行，由于浓雾、风暴、冰山、暗礁、机器失灵等，往往会发生意外。当死神向人们逼近时，“SOS”的遇难信号便飞向海空，传往四面八方。一收到遇难信号，附近船只便急速驶往出事地点，搭救遇难者。

许多人都认为“SOS”是三个英文词的缩写。但究竟是哪三个英文词呢？有人认为是“Save Our Souls”（拯救我们的灵魂）；有人解释为“Save Our Ship”（救救我们的船）；有人推测是“Send Our Succour”（速来援助）；还有人理解为“Saving Of Soul”（救命）……真是众说纷纭。其实，“SOS”的原制定者本没有这些意思。SOS另有一种表现方法为191519。19、15、19分别为S、O、S在26个英文字母中的顺序。原因是SOS求救信号广为人知，当在极端被动的情况之下SOS会暴露受难者求救的信息，所以191519是另一种隐晦的传递和表达求救信息的符号。

载驳船又称母子船，由一大型机动母船运载一批同规格的驳船（子船），每艘载驳船（母船）可同时运载数十艘驳船。

1978年12月7日，联邦德国籍“慕尼黑”号载驳船缓缓离开不来梅港，开始了它第62航次的任务。

“慕尼黑”号是一艘新型的现代化船舶，装有先进的导航通信设备和自动控制系统；尽管“慕尼黑”号多次在冬季航行过大西洋，但船长仍然根据气象资料精心选择了航线。离港后，“慕尼黑”号在大西洋上连续航行了4天。

在11日午夜零时7分，“慕尼黑”号报务员恩斯特同相距450千米外的“加勒比”号报务员通话，告诉他“……天气不好，风浪很大，海浪不断冲击船身……”。

此后两小时（夜1时过后），希腊货船“麦里欧”号第一个收到“慕尼黑”号的求救SOS信号，但始终未能与“慕尼黑”号取得联系，于是迅速转发了“慕

▲ [沉船]
“慕尼黑”号的失踪，在当时有各种猜想，但是都没有有力的证据支持，此事件的背后似乎有一种什么力量的存在。

尼黑”号遇难的方位和信号。

3时15分，一个奇怪的电台向“慕尼黑”号发出了奇怪的呼号：“向前，左舷50。”但“慕尼黑”号仍无声息，始终没有报告出事原因。

12日早晨美国海难救助中心发布公告，要求在“慕尼黑”号附近海域的船舶相应改变航向，协助寻找。

救助拖轮相继以最快速度开往出事地点。英国皇家空军还出动最先进的反潜飞机参加救助。可是，一艘离“慕尼黑”号出事地点最近的船“阿梯米达”号却反常地起锚往东南方向驶去。

追寻“慕尼黑”号下落的工作付出了巨大努力，但没有令人信服的证据断定它已葬身海底。从它第一次发出SOS信号到最后一次电台呼号相隔40多小时，船员们在寒冷的大西洋乘救生艇坚持这么长时间不可能。即使如此，反潜飞机的搜索雷达也能迅速发现目标。另外那个神秘的电台又是从哪里发出信号的？这些疑点让人们无法找到合理的答案。

“阿梯米达”号是拖网渔船，“慕尼黑”号遇难时电台无人值守，到底是否是这艘船发出的信号，也无从得知。

法院最后宣布了最终的审理结果：“……1978年12月12日。‘慕尼黑’号遭遇大风暴，随后全船电力系统、通信系统和主机发生故障。在亚速尔以北沉没……建议进一步改进通信和救生设备……”

这个含糊其词的结论，并不能平息有关“慕尼黑”号的种种推测。“慕尼黑”号的悲剧已深深留在人们的记忆中。“慕尼黑”号沉船的事件，仍是不解之谜。

漂流了50年的幽灵船

“贝奇摩”号失踪之谜

“贝奇摩”号是幽灵船中最令人惊异的一个，这艘船废弃后，在阿拉斯加附近海域孤独漂泊了近40年。

哈得孙湾公司是1670年5月2日经英国国王查尔斯二世的皇家特许而成立为合股公司。该公司被批准垄断哈得孙湾地区的所有贸易。这是一个方圆388万平方千米的巨大地区，该地区比10个日本、15个英国，或者30个纽约州还要大。该公司法定的全部垄断权名义上包括该地区的所有商品交易，但实际上该公司主要是以欧洲的制成品换取当地居民的动物毛皮，特别是海狸皮。

在航海史上，幽灵船成了海上神秘现象的象征。令人吃惊的是，这样的事件一再发生。这些船舶几十年来被人们弃置一旁，就像幽灵似的在海上游荡，还时时出现在人们的视野之中。

加拿大哈得孙湾公司有一艘1300吨的蒸汽货轮，这就是不幸的“贝奇摩”号，它非常雄伟、漂亮，而且坚固结实，

▲［出海前的“贝奇摩”号］

“贝奇摩”号为蒸汽发动、能乘载1322吨货物的货船，由瑞典造船公司于1914年建成，随后被德国海运公司买下，第一次世界大战爆发前，“贝奇摩”号船一直在瑞典和德国汉堡之间往返运货。战后，德国转让“贝奇摩”号给苏格兰的哈得孙湾公司，主要用来与因纽特人交易毛皮，此外也运载加拿大西岸及阿拉斯加的乘客。

足以抵挡北方水域可怕的大块浮冰和流冰的袭击。

1931年7月6日，“贝奇摩”号从加拿大温哥华港起航，开始了新的航程。货轮顺利地抵达了终点——维多利亚海岸。在那里，他们把船舱装得满满的，然后准备返回温哥华。

不幸的是，那年的冬天过早地来到这里，狂风和酷寒迅速地把流冰群带往南去，茫茫大海只剩下一条狭窄的水路了。10月1日“贝奇摩”号被海上的冰封起来，船身无法移动了。船长康韦尔只能带领全体船员离船去了阿拉斯加北部港口附近的村子里躲避寒冷。

10月8日，冰上出现了大裂缝，船慢慢移动起来。眼看这艘货轮就会像鸡蛋壳那样被挤得粉碎，于是船长发出了呼救信号。哈得孙湾公司出于无奈，派飞机运走了大部分船员，只留下船长和其他几名船员，等冰块融化后把船和货物抢救出来。

在11月24日漆黑的深夜里，暴风雪降临这个地区。船员们在避寒的小木屋中，发现远处的“贝奇摩”号不知去向了。他们四处搜寻，仍一无所获，便推测它已被暴风雪击成碎片，沉入海底了。

▲ [英文书《“贝奇摩”号幽灵船》]

因纽特人，生活在北极地区，分布在从西伯利亚、阿拉斯加到格陵兰的北极圈内外，分别居住在格陵兰、美国、加拿大和俄罗斯，属蒙古人种北极类型，先后创造了用拉丁字母和斯拉夫字母拼写的文字。多信万物有灵和萨满教，部分信基督教新教和天主教。

因纽特人的祖先来自中国北方，大约是在1万年前从亚洲渡过白令海峡到达美洲的，或者是通过冰封的海峡陆桥过去的。

不料几天后，一个以猎取海豹为生的因纽特人带来一个喜讯：他曾在南方72千米的地方看到过这艘船。

船员们闻讯赶到那里一看，“贝奇摩”号早已被坚冰结结实实地冻住，根本无法把它开回去了。船长康韦尔只好依依不舍地离开了“贝奇摩”号，乘飞机返回家园。从此“贝奇摩”号就开始了它

▲［被冻住的“贝奇摩”号］

▲［波弗特海］

波弗特海是北冰洋边缘海，因 1806 年英国海军水文地理学家 F. 波弗特到此考察而得名。

一位名叫休·波森的船长曾于 1939 年 11 月在自己的船上看到了“贝奇摩”号。他设法登上了这艘无人驾驶的货船，想把它搭救出来。然而，“贝奇摩”号已被一块又一块巨大的浮冰团团围住。

的漂移之旅，且时不时地出现在人们视野中，继而又消失不见。

1939 年以后，“贝奇摩”号在人们的视野中又出现了好几十次。每一次无论人们怎样努力追踪，都被它无情地甩掉了。多年来，它在冰块的纠缠和包围中，漂移了数千千米。

1962 年 3 月，一群因纽特人在捕鱼的时候，又见到了正在北冰洋波弗特海漂移的“贝奇摩”号，当时它的外壳已经生了锈，但仍然没有破损。这群因纽特人无力营救它，只得眼睁睁地看着它向远处漂去。人们最后一次看到“贝奇摩”号是在 1969 年，船已被牢固地冻在巴罗角附近的波弗特海中。

从 1931 年底开始，这艘出没无常、无人驾驶的幽灵船，在海上漂流了近 40 年，也许它还在海上继续漂流着。它既没有回到人类的怀抱，也没有进入宣告失踪的船舶行列。

无法解释原因的神秘失踪

“阿夫雷”号潜艇沉没之谜

“阿夫雷”号是20世纪50年代初世界上最精良的潜艇之一，然而它却在一次正常训练中沉没，至今也无人知道失事原因。

20世纪50年代初，“阿夫雷”号是当时世界上吨位最大的一艘潜艇，也是世界上装备最精良的潜艇之一。作为潜艇部队的代表，“阿夫雷”号是英国海军的骄傲。

然而天有不测风云，1951年4月16日晚上9时，“阿夫雷”号在英吉利海峡朴次茅斯到伐尔茅斯之间的海域进行巡海训练时，基地接到它发出的信号：“本艇即将沉没！”

随后，不管基地如何呼叫，“阿夫雷”号再也没有了音讯。它就这样在海底神秘地失踪了，没有人知道它到底发生了什么事。

尽管未能确定失事原因，在几个小时之内，来自比利时、美国和法国等国的40余艘舰艇还是马上展开了紧张的搜救行动。

第一次搜救毫无结果，“阿夫雷”号就像从空气中消失了一样。英国海军不死心，马上进行了第二次搜救。在这次行动中，英国海军动用了一切可能的先进设备，在“阿夫雷”号失踪的海域展开更加全面、细致的搜索。扫雷艇、驱逐舰和护卫舰等舰只用潜艇探测器对英吉利海峡的海底进行探测，战斗机、直升机等大型飞机对海面进行扫描。在付出巨大的努力后，搜救结果却令人失望。

▲ [英吉利海峡的瞭望塔]

1951年6月14日，人们才在赫德深海一角发现了“阿夫雷”号的残骸。虽然找到了“阿夫雷”号的残骸，但对于“阿夫雷”号的失事原因，人们仍然众说纷纭。

从对“阿夫雷”号拍摄的图像上看，舰艇上的桅杆已经折断，有人据此认为它遇上了风暴。然而检查结果表明，那是由于船桅的焊接不过关造成的。当局的说法也与此不同，他们怀疑“阿夫雷”号是因爆炸而沉没的，但是这种说法根据并不充分，其失事原因仍是一个谜。

海洋之声

“白云”号无人船之谜

迄今为止，人们在茫茫大海上已发现了数十艘无人船。它们孤独、奇异而神秘，像诉说一桩桩故事，让人琢磨不透。

和前面所说的“贝奇摩”号幽灵船不同，海洋中漂流的无人船，大部分找不出什么原因导致船员弃船。科学家们认为，强大的次声波会使人们惊慌失措，特别难受。船员们如果碰到海洋次声波，也许忍受不了这种折磨，最后就跳船逃命去了。

1983年夏天，委内瑞拉一艘名为“马拉开宝”号的货轮，在大西洋发现一艘在海面上随着海浪飘荡的轮船，“马拉开宝”号朝着那艘轮船开了过去。发现它的船身上写着“白云”，原来它叫“白云”号，也是一艘轮船。看样子，“白云”号的载重量大约有2300多吨。

“马拉开宝”号船长让船员爬上“白云”号，发现船上的救生艇已经不见了，甲板上乱七八糟地扔了好几双鞋子。厨房里的食物全都发霉了，船上还有500箱炮弹。无线电室里的无线电台转钮转到了应急的频道上，波长很小，所以传播得比较远。

▲ [海洋中的无人船]

海洋次声波一般在风暴和强风下出现，其频率低于20赫兹。以波浪表面波峰部波流断裂的程度，决定次声波的能量。如果是大风暴，次声波的功率可达数十千瓦。而次声波的能量属于弱衰减型能量，因而可以传得很远。当海船遇到这种强能量的次声波时，次声波对生物体会造成辐射现象。某些频率的次声波，可引起人和动物的疲劳、痛苦，甚至导致失明。同时，过强的次声波常使人和动物产生惊恐情绪，导致船上的人员跳海自杀而失踪。

这艘没有人驾驶的漂流船是不是碰到海洋怪兽了呢？海洋怪兽把船上的人们吓得慌里慌张地逃走了？这种说法只是船员的猜测，没有什么科学依据，所以不太能说服人。

对于无人船案件，科学家给人们提供了一个解释：海洋之声。确切地说，此类事件的出现，大都可能是受到海洋次声波的作用而造成的。不过，这种说法也只是一种猜想，到目前为止还没发现由于海洋次声波造成没有人驾驶的漂流船的确切例证。

令人费解

“基林格”号无人船之谜

“基林格”号被发现后，人们纷纷猜测它出事的原因，是受到海盗袭击还是发生了骚乱？抑或是别的原因？

▲［发现幽灵船——1913 年绘］

油画描绘的是在马尔堡发现幽灵船的故事。船上到处横躺的尸体，令人不寒而栗。

“基林格”号也是一艘被科学家怀疑受海洋之声危害的无人船。

1921 年 1 月 31 日，美国哈特勒斯角海洋救生站的值班人员，发现了一艘搁浅的五桅帆船。

这艘搁浅在沙滩里的船名叫“基林格”号。船上的罗盘、舵轮及航海仪器均已破损，航海日志和天文钟也不见了，但仓库里的东西和私人物品却完好无损，在船上没有发现任何活着的人，也没有尸体，活着的生物只有 3 只饿坏了的猫。

从厨房里的情况看得出，船员在离船之前曾吃过土豆沙拉和豌豆汤，还喝了咖啡。海洋救生站的人员把船上的贵重物品都搬到岸上。后来“基林格”号被风浪打成两截。

时隔不久，人们在海边见到一个漂流瓶，里面的纸条上面写道：“‘基林格’号被一艘船抓住了，全体船员躲在舱中，没有可能离开船。速告政府。‘基林格’号……”字到这里便断了。

虽然有了这样的字条，但是经过反复调查，人们始终查不出该船失事的原

◀ [被上帝遗弃的船——木刻]
玛丽·塞莱斯特的雕刻描绘了被遗弃的船。

因，也一直找不到船员们的下落，真是活不见人死不见尸。更令人疑惑不解的是，如果说是海盗引起的人员失踪的话，为什么船上的贵重物品都没有丢失？如果说是船员骚乱的话，为什么没有打斗的痕迹？于是人们开始猜测莫非纸条是有人故意编造出来的？对此，美国人开玩笑地说，能解开这个谜的只有三只不会讲话的猫，因为只有它们是这起事件的“直接见证者”。

科学家依旧认为，是强大的海洋次声波使人们惊慌失措、异常痛苦、仓促离船，最后使船只像幽灵似的突然失踪。然而，这些无人船案件是否都是次声波引起的呢？谁也无法作出明确的结论。“基林格”号上的船员临走前还吃过沙拉和喝过咖啡，如果发生了所说的海洋次声波或灾难性事件，谁又能如此平静地离开船呢？这些都是一个个难以解开的谜。

次声波的威力

1929年，在英国伦敦出现了一件怪事。一家剧院在试用新装的喇叭时，传出了低沉而惊心动魄的声音。顿时，剧院的门窗振动不止，整幢房子也好像要崩塌了，四周的居民都以为大祸临头，个个吓得魂不附体。这是怎么回事呢？原来，声音有一个特点：声波振动得越快，能量消耗就越大，声音传播的距离也就越短；反过来说，声波振动得越慢，能量消耗就越小，声音传播的距离也就越长。伦敦这家剧院新装的是一种低频喇叭，它传送出来的低沉的声音，能传得很远很远，这种声音有相当大的能量，所以会产生如此惊人的效果。当然，这个低频喇叭发出的还是人耳能听到的声音，如果声音的频率每秒低于20次，那人耳便再也听不到了，这就是次声。

英国的加夫罗教授发现，次声波有时会引起人的疲劳、痛苦，甚至造成失明。在强大的次声波的作用下，海面上即使风平浪静，船只的桅杆也会被折断，舟船也会覆没。

1935年，苏联科学院院士舒列金提出，在海洋风暴的作用下，海面会产生次声波。有时，海上出现了风暴，附近岸上病人的病情会发生变化，交通事故也会增加。

在海上溜达了50年的鱼雷

“死神”号

在茫茫的大海上，曾有一枚令各国航海者都谈之色变的“死神”号鱼雷，它在海上溜达了50多年，船只担忧不知道什么时候就成为它的猎物。

▲［鱼雷］

鱼雷是一种可以自行推进、控制方向以及控制吃水深度的海战兵器。鱼雷的形状就像一根大圆柱子，头部装着引信和炸药，中部装着燃料和动力装置等，尾部装着推动器。作战的时候，潜艇或舰船用鱼雷发射管把鱼雷发射或投掷出去，发射后的鱼雷可自己控制航行方向和深度，遇到舰船，只要一接触就可以爆炸。鱼雷可用于攻击敌方水面舰船和潜艇，也可以用于封锁港口和狭窄水道。

日德兰海战发生于1916年5月31日至6月1日，是英德双方在丹麦日德兰半岛附近北海海域爆发的一场大海战。

此战德国公海舰队以相对较少吨位的舰只损失击沉了更多的英国舰队，从而取得了战术上的胜利，这是第一次世界大战中最大规模的海战，也是这场战争中交战双方唯一一次全面出动的舰队主力决战，从而结束了以战列舰为主力舰的海战史。

鱼雷使用的动力有两种，一种是热动力，另一种是电动力。鱼雷本身没有多大能源，航程一般都不会达到4万米。即使是最新式的鱼雷，航程也只有4万米。如果没有击中目标，鱼雷在跑完自己的航程以后，就会沉到海底或者自行爆炸。

有趣的是，在世界海战史上有一枚鱼雷，发射出去以后没有击中目标，却没有沉到海底，也没有自行爆炸，而是在大海上漂浮了50多年。

第一次世界大战的时候，英国舰队和德国舰队在日德兰半岛附近的北海海面上进行了一场激烈的海战，这就是世界海战史上著名的“日德兰海战”。战斗进行得异常激烈，双方的损失都很大。

1916年5月31日下午7时，英国舰队里的“鲁斯普斯”号发射出了一枚鱼雷，代号叫“死神”，杀伤力相当于10吨TNT炸药。“死神”号鱼雷朝着一艘

▲ [德国“S90”号大型鱼雷艇]
在第一次世界大战中，德国鱼雷艇的概念是专门用于攻击敌方大型舰艇的快艇。

德国战舰冲了过去。没想到，它眼看就要击中那艘德国战舰的时候，却一转弯溜走了，德国舰船因此逃过一劫。

“死神”号鱼雷没有击中目标，就神秘地飘入了大海，好多次和德国潜艇打过照面，也和公海上的商船绕过圈子。后来，美国海军打算用反鱼雷装置，炮击把它击毁，没有取得成功。之后，“死神”号又出现在委内瑞拉的海岸边，随后又游到了巴拿马运河，还在大洋中到处游荡。

1945 年以前的 30 年中，“死神”号飘到了太平洋海域，许多商船为了躲避它，碰到了礁石，造成了巨大损失。

1946 年 8 月，“死神”号出现在苏门答腊的海面上。后来，“死神”号鱼雷又像幽灵一样在美洲海域冒了出来。

20 世纪 60 年代的时候，“死神”号鱼雷第二次像幽灵一样“周游”世界各大洋，然后转向了内海，出入各个港湾。

从 1916 年开始，到有记载的最近一次出现，“死神”号鱼雷在各大洋上神出鬼没地漂浮了 50 多年。一枚一直没有维修，早应该失去动力的鱼雷，它的航程却已经达到了约 15 万海里。“死神”号鱼雷为何能够在海洋中漂流这么长时间？它还要飘荡到什么时候才算完呢？没有人能够回答。

沉默多年的“死神”号鱼雷，到底是已经沉入幽深的海底，还是在某处神秘的港湾暂时蛰伏，或是继续在海上某处飘荡？在没有找到它之前，一切都是谜团。

TNT 炸药是一种烈性炸药，每千克 TNT 炸药可产生 420 万焦耳的能量。值得注意的是，TNT 比脂肪和糖三硝基甲苯释放更少的能量，但它会很迅速地释放能量，这是因为它含有氧，可作为助燃剂，不需要大气中的氧气。而现今有关爆炸和能量释放的研究，也常常用“千克 TNT 炸药”或“吨 TNT 炸药”为单位，以比较爆炸、地震、行星撞击等大型反应时的能量。

两艘美国军舰在坦帕海湾堵住了“死神”号鱼雷，打算用反鱼雷装置把它击毁，可是，突然海上狂风大作，雷雨交加，美国军舰虽然不停地向“死神”号开炮，但除了看到炸起的一个个水柱，却并没有听见鱼雷的引爆声。一个月后，“死神”号鱼雷又开始四处游荡。

“海底坟墓”制造恐怖

“圣迭戈”号战列舰的沉没

“圣迭戈”号战列舰是第一次世界大战时期美国海军太平洋舰队的旗舰，配备有32门火炮，包括14门150毫米火炮和18门70毫米火炮，1918年7月19日在驶回长滩军港的途中沉没。

1918年7月19日，第一次世界大战期间，从美国北部新罕布什尔州普茨茅斯军港驶出的美国海军大型战舰“圣迭戈”号战列巡洋舰，正驶回纽约长滩军港。

“圣迭戈”号战列舰

此舰造于1904年，定名为“加利福尼亚”号，全长100米，宽约23米，可配备829名随航人员。在1907年开始服役时更名为“圣迭戈”号，加入了对德

战列舰是一种以大口径火炮攻击与厚重装甲防护为主的高吨位海军作战舰艇。是能执行远洋作战任务的大型水面军舰。

▲ [“圣迭戈”号1907年初下水时的情景]

▲ [“圣迭戈”号的下沉——油画]

海战。

“圣迭戈”号是美国海军的一大骄傲，排水量高达1.5万吨。它既有战列舰的身躯又有巡洋舰的作战性能。它的最大优势在于拥有强大的火力作战系统，配备有32门火炮，包括14门150毫米火炮和18门70毫米火炮。一旦开战，它可以对多个方向的敌舰进行猛烈攻击，可谓一座威力巨大的海上作战平台。

28分钟下沉

1918年7月19日“圣迭戈”号护卫美国海军一支舰队后，在驶回纽约长滩军港的途中，舰艇上的人因为完成了一次护送后，都已经放松了警惕，可就在这时，观察兵突然发现海面上有个黑影，在快速地上下移动，并朝“圣迭戈”号移动过来。因为当时的德国擅长使用潜艇袭击，所以舰长克里斯迪下令进入备

▲［水下的“圣迭戈”号沉船］

该船的残骸一直平静地躺在水下，并成为大量鱼群的新家，关于沉船原因，或许将来将其打捞上岸后，才能大白于天下。

战状态，并且用火炮进行攻击。

“圣迭戈”号的炮弹，转瞬间就把那不明物体炸入海底了。

可是没有想到的是，事过不久“圣迭戈”号巡洋舰舰底突然传来巨大的爆炸声，这巨大的声音，如同巨雷爆炸，连周边海域岛上的居民和海军都听到了，“圣迭戈”号被撕裂了一个巨大洞口，船体开始漏水并下沉。附近的美舰见此情况，赶紧过来救援，可是，根本没办法阻止船体的下沉，从巨响到沉没，只用了28分钟，“圣迭戈”号便沉入了海底。

幸运的是，由于其他舰船的救援，“圣迭戈”号上1177名官兵被救起，只有6名官兵丧生。

事后，美国海军对其下沉的原因展开了调查，但一直无法确定“圣迭戈”号到底是被潜艇鱼雷击沉的还是被潜艇布设的水雷炸沉的。还有那个神出鬼没的黑影不知道到底是什么？到目前为止都没有一个确切的答案。

几十年过去了，“圣迭戈”号一直躺在海底，它当初的离奇沉没仍是个谜。

“圣迭戈”号沉没后，美国海军对此进行调查后认为该舰舰长没有错，他及时地让战舰进入了戒备，并采取了有效的措施。然而，该舰到底是怎么沉没的，调查组没有获得任何证据。调查认为，该舰很可能遇到了德军一艘代号为U-156的潜艇，还有可能是遇到了水雷，因为那艘德国潜艇后来也沉没了。

▲ [纪念“圣迭戈”号试水的硬币]

无法解释的生物

Unexplicable Creatures

冻不死的生物

极地冰虫

极地冰虫是少数活跃在极地低温下的生物之一。它生活在终年积雪的冰川地带，通常出现在太平洋沿海冰川，在美国阿拉斯加、俄勒冈州、英国哥伦比亚和靠近极地的冰川区也都可以发现它们的身影。

极地冰虫个头非常小，在雪地里就像一丝细细的小黑线。它们可能是世界上最不怕冷的动物。在冰川地区刺骨的寒温下，其他动物几乎被冻成冰棒，甚至连细菌都冻得“咯咯”作响。然而这种低温对于极地冰虫来说却是最舒适的生活环境。

科学家发现，极地冰虫虽然表面上看起来没什么保温性，但实际上，冰虫体内的能量水平异常的高。冰虫体内的腺苷酸浓度非常高，科学家认为这很可能就是冰虫抵御寒冷的机制。

极地冰虫属于环节动物门，蛭纲，寡毛目，颤蚓亚目，线蚓科。

腺苷酸水平升高可以增加分子的碰撞，这就防止了分子运动的减少和酶动力的降低。冰虫的消耗量很小，它们靠冰层里的海藻、花粉或其他可消化的残渣便可维生。科学家在解剖冰虫时发现，冰虫的肠道中有一些共生单细胞器官，可能用来辅助消化海藻之类的食物。

通常是上百条抱成一团出现

作为聚居动物，冰虫通常是上百条抱成一团出现，科学家猜测这种群居方式可能跟冰虫的生殖习惯有关。冰虫的总数量极其巨大，2002年，科学家曾对怀特河冰川进行了一次抽样统计，算出冰虫的平均密度是每平方米2600条，这就意味着在总2.7平方千米的怀特河冰川上，有超过70亿条冰虫。

怕热的极地冰虫活动的高峰季节却是夏天

极地冰虫的生活方式也充满奥秘。它们总是生活在终年积雪的冰川地带，

▲ [极地冰虫与一元硬币对比]
在雪地里就像一丝细细的小黑线。

行踪隐秘。令人不解的是，怕热的极地冰虫活动的高峰季节却是夏天。一到夏天大规模的冰虫就破冰而出，出来搜寻食物。冰虫日落而出，日出而息。夏天太阳升起之前，冰虫纷纷躲回冰层。太阳落山后寒冷的晚上是它们到冰川表层活动的高峰期，它们搜索海藻、花粉和其他可以消化的残渣作食物。到了冬天，冰虫聚集地大多大雪封山，没有海藻或其他食物，它们就躲在地下，在冬天几乎没有发现过冰虫的踪迹。但至今为止，没有人知道冰虫如何在冰层“冬眠”。

美国《国家地理》杂志：冰虫在器官移植方面的价值远比外星生命更有现实意义。冰虫的细胞能够在低温下保持正常新陈代谢，而移植的器官在冷藏过程中却消耗能量并快速萎缩。如果能够将冰虫新陈代谢的秘密揭开，医生就可以用化学和药物更长久地保存器官。

▲ [极地冰虫特写]

极地冰虫不仅抗冻还耐饿

极地冰虫不仅抗冻还耐饿。科学家曾把几只冰虫放在冰箱里研究。两年过去了，不吃不喝的冰虫在冷藏室里依然顽强地生存着。

极地冰虫虽然能够忍受极度的严寒，却忍受不了普通的“高温”。

科学家古德曼试验发现，在温度达到15℃时，冰虫就会逐渐出现呼吸衰竭、官能衰退症状，进而死亡。20℃时，冰虫的细胞膜就会开始“融化”，如果将冰虫置于30℃的环境中，其死亡率将是百分之百。

冰虫可以在固体冰块中自由穿行

关于冰虫的谜团很多，最令人匪夷所思的是冰虫可以在固体冰块中自由穿行。

有的科学家说冰虫可能是顺着冰中的缝隙钻出冰面；有的人猜测冰虫有破冰术；一些生物学家猜想，冰虫体内可能含有化冰物质，每当它们穿冰而行时，体内细胞便释放能量使周围的冰块融化，就像是“滚烫的刀子切化了黄油”那样。

浑身赤裸的冰虫到底靠什么来保暖甚至穿冰呢？到目前为止没有哪位科学家能准确说出原因。

极地冰虫是地球上唯一一种冻不死的生物，具有科学家理想中的外星生命的特质。

科学家认为冰虫这种罕见的耐寒体质可以证明在外星球上也可能存在像冰虫一样的耐寒生物。

深海中的恐怖巨兽

巨型乌贼

毫不奇怪，自巨型乌贼正式被科学家们确认，130多年过去了，人们对它的了解依然还是少得可怜。一位世界著名的巨型乌贼研究者甚至风趣地说，我们对恐龙的了解都要比对巨型乌贼的了解多得多。

▲ [巨型乌贼]
根据《吉尼斯世界纪录大全》记载，1888年人们在纽芬兰看到的巨型乌贼是有记载以来最大的乌贼，它长18.3米（包括触须），重1吨。

巨型乌贼，又称大王乌贼、首席乌贼、霸王乌贼，是世界上存活的最大的无脊椎动物，为软体动物头足类乌贼目中最大的一类。值得注意的是，巨型乌贼不是由普通乌贼长大的，而是乌贼家族中的一个特有种。巨型乌贼一般最大可以长到20米长，2～3吨重，它的性情极为凶猛，以鱼类和无脊椎动物为食，并能与巨鲸搏斗。

巨型乌贼在纽芬兰附近的“葡萄牙”海湾首次被发现。

1873年，一艘小船行驶到纽芬兰附近的一个叫“葡萄牙”的小海湾时，船员发现一团乌黑的东西漂浮在离岸边不远的水面，开始大家以为是一艘沉船的残骸，于是划船过去。不料，这团大家伙突然活动起来，并甩出一条长长的触须缠住了长达6米的小船，接着，这头怪物拖着小船往海底下沉。受到惊吓的船员慌乱中抓起一把斧子砍断了怪物的长须和短肢，才得以获救。

后来，被砍下的那条长触须经过博物学家摩西·哈维牧师仔细辨认，认为这条长5米、周长达1米的触须来自乌贼家族某一未知成员。

哈维向外界介绍道：“我现在是动

19世纪70年代，在加拿大海滨发生过几次大王乌贼残骸被冲上岸的情况，其中有一次还是活的，借助这些实体，人们终于了解了大王乌贼的一些情况。大王乌贼生活在太平洋、大西洋的深海水域，体长20米左右，重2～3吨，是世界上最大的无脊椎动物。它的性情极为凶猛，以鱼类和无脊椎动物为食，并能与巨鲸搏斗。国外常有大王乌贼与抹香鲸搏斗的报道。

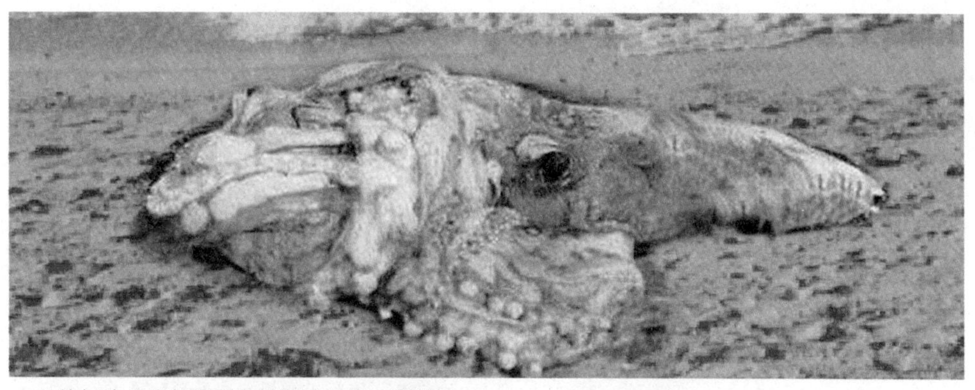

▲ [体长达 8 米的巨型乌贼被冲上澳洲海滩]

2007 年 7 月 10 日在澳洲南部海滩发现了一只体长 8 米、重达 250 千克的巨型乌贼。

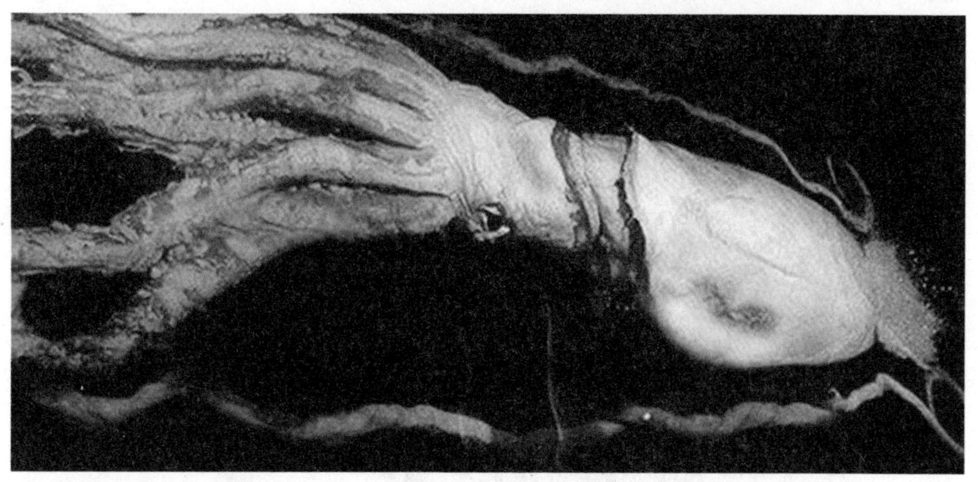

▲ [被捕获的巨型乌贼]

物世界罕见动物样本的拥有者。这个样本是神秘章鱼（旧时对巨型乌贼的称呼）的一条真正的触须。关于它们的存在，博物学家已经争论了几个世纪。现在，我知道在我的手里握有打开这个神秘世界的钥匙，因为这把钥匙，自然史将翻开新的一章。”

这可能就是巨型乌贼最早的记载了。

一般情况下，当一只巨型乌贼在海面上被人发现时，它很可能正在死去。这是因为对巨型乌贼来说，它体内的血

血蓝蛋白又称血蓝素，是一种多功能蛋白，过去被称为呼吸蛋白，但最新研究表明，该蛋白与能量的贮存、渗透压的维持及蜕皮过程的调节有关。

它是在某些软体动物、节肢动物（蜘蛛和甲壳虫）的血淋巴中发现的一种游离的蓝色呼吸色素。

新西兰官员 2007 年 2 月 22 日宣布，一艘渔船在南极罗斯海域抓获了可能是世界上已知的最大一只巨型乌贼。学名叫“大王酸浆鱿”。它的眼睛大如餐盘，是动物中最大的，嘴巴也是所有知悉的乌贼中最大的，并且触须内有能转动的弯钩。这一新样本的重量估计为 450 千克。

蓝蛋白（运输氧气的化合物）在温暖的海水里会变得效率低下，当它一点一点地浮上海面时，水温也一点一点地升高，肌肉也慢慢地变得松弛无力。另外，为了适应黑暗的深海，巨型乌贼的一对直径达 25 厘米的大眼睛通过进化，不能适应海面上的强光，海面上的大量光线会使得乌贼致盲。

科学家推测，巨型乌贼可能居住在离海面 200 ~ 1000 米深的地方，这个深度人们很难到达。之所以作出这样的推测，一是因为有渔船进行深海拖网时偶尔捕获到了巨型乌贼；二是人们在抹香鲸的肚子里曾经找到了巨型乌贼的硬质喙——抹香鲸一般在海面下 10 ~ 1000 米的深度捕捉食物，它们偶尔才到海底捕捉食物。

2004 年人们在日本海岸首次拍下了一只巨型乌贼的照片，并于 2005 年在日本海岸抓获了一只巨型乌贼。初步判定该乌贼为雌性，体重为 100 千克，如果其最长的触须还存留的话，体长可达 8 米。另外在日本新潟县柏崎市荒浜海岸打捞出一条 3 ~ 4 米长的巨型乌贼的尸骸。2014 年 1 月 2 日，日本石川县羽咋市海岸发现了一条长达 2.5 米的巨型乌贼。有专家指出，这很可能是一种与地震有关的前兆。还有日本专家表示，尽管目前还不能判断深海的异常现象是否是大地震出现的前兆，但是应该提前做好预防警戒。

▲ [传说中的海怪克拉肯]

传说克拉肯以鲸为食，用巨大的触手攻击过往船只。或者围着大型船只转圈，以待出现足够的漩涡将其拖入海底，不放过船上的任何人。

和其他所有传说一样，克拉肯的故事随着时间渐渐被夸大了。人们认为，这一次目击发生在 1180 年，当时的水手们都不认识像巨型乌贼这样的海洋生物。海底深处藏着吃人怪物的故事就此展开。

其中最著名的当属 1752 年卑尔根主教庞托毕丹在《挪威博物学》中描述的“挪威海怪”，据说，它的背部或者该说它身体的上部，周围看来大约有 2.5 千米，好像小岛似的。

如果这些古老传说真实的话，那么现实中的克拉肯，最有可能是某种已灭绝或者还未被发现的巨型乌贼。

海中迷人的发光体

警报水母

警报水母是一种腔肠动物，其身体可呈现令人惊异的光线。该动物浮囊体由几十个细的同心环和几十条放射肋组成，内部有辐射隔片，充满气体。

警报水母的主营养体位于浮囊体腹面正中央，呈圆锥形，开口。其周围有许多小营养体，中空，开口，尖端膨大，具许多分散的刺细胞群。生殖体呈颗粒状，着生于小营养体基部。指状体成数圈列生于浮囊体边缘，每条指状体上有 3 条纵列分散的短枝，短枝末端膨大，着生许多刺细胞。

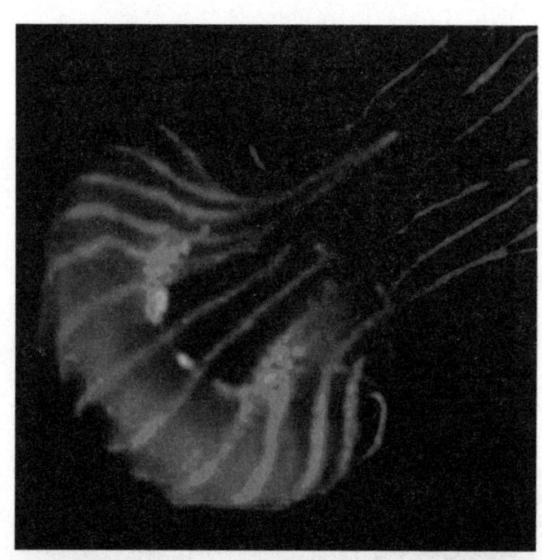

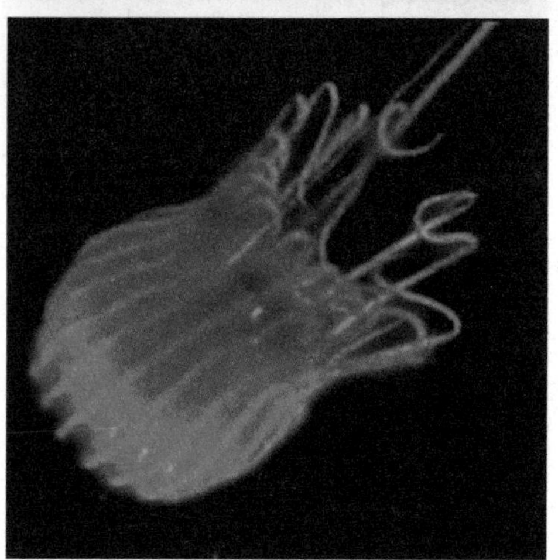

▲［警报水母］

警报水母在遭遇食肉动物袭击时，它的身体可呈现令人惊异的光线并发出尖叫声，用来呼救。即使在 90 多米以外的地方都能看到它发出的耀眼光。这种深海水母因拥有“警报装置”而特别出名。

研究人员认为警报水母这样做是为了吸引更大和更凶猛的掠食者的注意。如果攻击性更强的掠食者对袭击警报水母的动物发生兴趣，就会迫使当前的掠食者放弃猎物逃离，警报水母也可以趁此机会逃脱。不过也有人认为，警报水母遇到掠食者发光并惊叫的目的是震慑对手，从而使掠食者害怕，而非吸引更凶残的掠食者。

外形似马的海洋动物

海马

海马的种类大约有 32 种，我国有 6 种。海马有着独特的具有弯曲的颈和长长的口鼻头部，它的头每侧有 2 个鼻孔，因外观看起来和马相似而得名。

海马是刺鱼目海龙科暖海生数种小型鱼类的统称，是一种小型海洋动物，身长 5 ~ 30 厘米。主要在大西洋西部和太平洋地区出没。

◀ [海马]

海马嘴是尖尖的管形，口不能张合，因此只能吸食水中的小动物，眼睛可以独立活动；胸腹部凸出，有一无刺的背鳍、短小的臀鳍；发达的胸鳍。背鳍位于躯干及尾部之间；它的鳍用肉眼不太容易看出来。

海马生性懒惰

海马不善于游泳，习性也较特殊，喜栖于藻丛或海韭菜繁生的潮下带海区。性甚懒惰，常以卷曲的尾部缠附于海藻的枝叶之上，有时也倒挂于漂浮着的海藻或其他物体上，将身体固定，以使不被激流冲走。即使为了摄食或其他原因

▲ [表壳背面的海马图案]

1958 年，雕刻艺术家 Jean-Pierre Borle 设计的欧米茄的经典防水标识——表壳背面的海马图案。

▲ [中药海马干]

海马是一种经济价值较高的名贵中药材，具有强身健体、补肾壮阳、舒筋活络、消炎止痛、镇静安神、止咳平喘等药用功能，特别是对于治疗神经系统的疾病更为有效，自古以来备受人们的青睐，男士们更是情有独钟。海马除了主要用于制造各种合成药品外，还可以直接服用健体治病。

暂时离开缠附物，游泳一段距离之后，它又会找到其他物体附着在上面。海马的游泳姿势十分优美，鱼体直立水中，完全依赖背鳍和胸鳍高频率地作波状摆动而缓慢地进行运动，扇形的背鳍起着波动推进的作用。

雄性海马生育后代

海马是鱼，所以像鱼一样繁殖。雄性海马尾部腹侧有育儿袋，卵产于其内进行孵化，一年可繁殖 2 ~ 3 代。海马并不是雌雄同体，海马只是雄性孵化。每年的 5—8 月是海马的繁殖期，这期间雌海马把卵产在雄海马腹部的育儿袋中，这些卵就在育儿袋里进行胚胎发育，等到幼海马发育完成，雄海马就开始“分娩”，幼海马就被雄海马释放到海水里。

虽然雄海马不是真的生小孩，但是孵化还是需要雄海马来完成。雄海马的育儿袋只是起到了孵化器的作用，卵还是来自雌海马。

海马是地球上罕见的由雄性生育后代的动物，因此海马特殊的生殖方式让人倍感神秘，特别引人注目。雄海马如何交配、产仔一直是困扰科学家的难解之谜。

海洋的独角兽

火体虫

火体虫属于脊索动物门中的尾索动物亚门，是巨型浮游被囊动物。火体虫形状类似长长的铃铛，能在黑暗中发光。

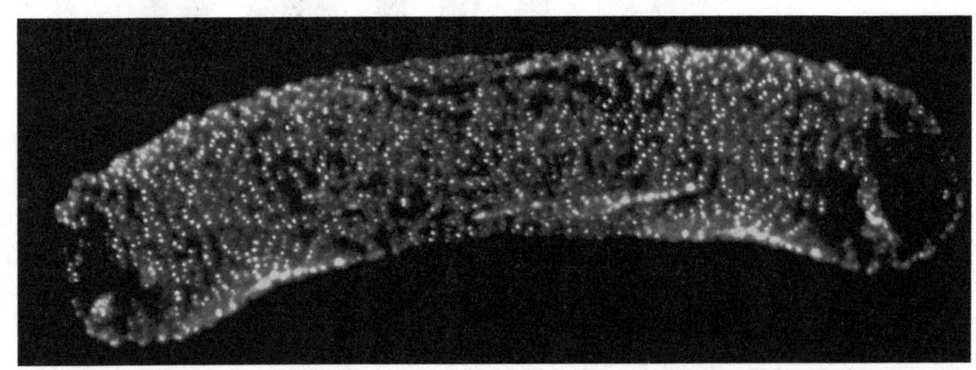

▲ [发光的火体虫]

火体虫并不是单一的生物，而是由上千个单独个体组成。半透明的火体虫从几厘米至几十米都有，小型的火体虫就像一个装填许多泡泡的瓶子，大型的

这种看起来像收集了好多泡泡的瓶子的生物，被科学家称为“火体虫”，它是一种球形的聚合体生物，那些泡状物就是聚合体的“居民”。

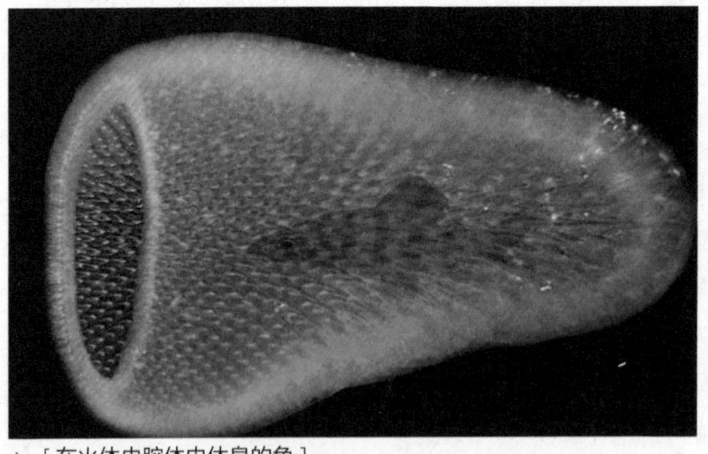

▲ [在火体虫腔体内休息的鱼]

如今海中有些地方的火体虫特别多，有些科学家害怕水中的火体虫数量太多，当它们死掉的时候，分解的尸体会从海水中吸走大量氧气，这样会对其他海洋生物产生威胁。但该如何抑制它们的繁衍。目前还没有办法。

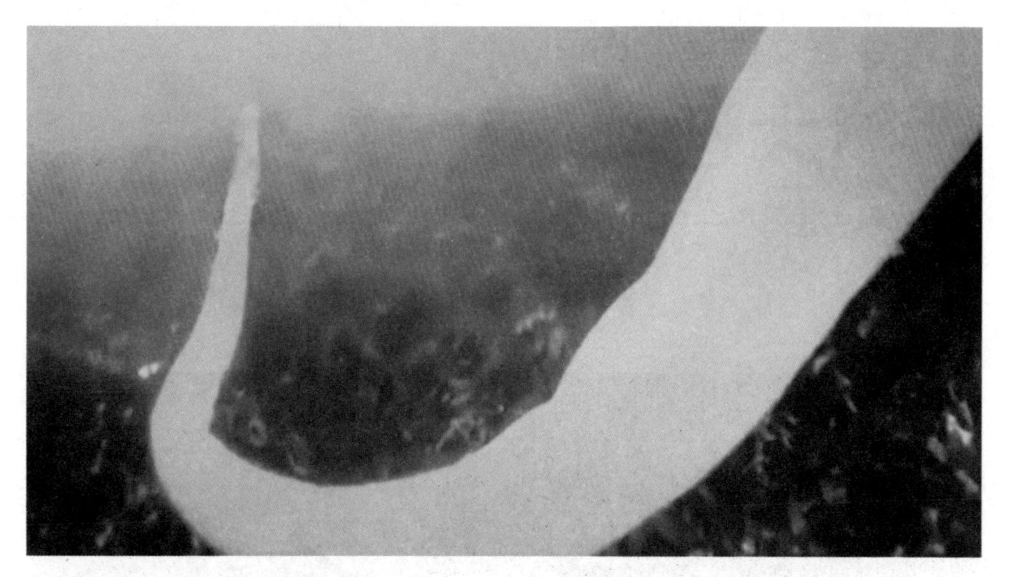

▲ [火体虫]
2013年8月，有潜水者在澳大利亚的塔斯马尼亚近海拍摄到火体虫的罕见照片。这种深海动物极其罕见，以至于被称为“海洋独角兽”。它最长可到30米，相当于两辆双层公共汽车首尾相连。

火体虫还被称为海鞘，属于浮游动物，这意味着它们可自由游动，火体虫一般发现于开放海洋，也可以生活在海洋深处，这也解释了它们并不常见的原因。

火体虫则像一条巨大的管道。

火体虫中间是空的，一端开口，一端闭合，通过开口排出过滤的海水，火体虫是滤食动物，它们会吸收包含浮游动物的海水。当它们吞食了浮游生物后，再将过滤的海水吐出来。

火体虫的群居生活方式可以提高其生存机会，这是生物进化过程中的一种选择。

火体虫的每个微小个体都像是活体公寓里的其中一名住户，每一个微小的个体都像泵一样不断给活体公寓提供水分和养分，使得这个聚合体能够生存，同时还发出银白色的光芒。

由于每一只火体虫都是以小型浮游生物为食，因此它们必须持续地吸水进食，再持续地将废物通过中空的中央处排出。它们必须缓慢但稳定的移动。火体虫不仅会随着海洋气流漂移，还会利用慢动作形式的“喷射前进”，通过在开口一端排出海水而缓慢移动。移动时，每个成员都要不断地吸水再吐出，尽管是大家一起努力，速度仍旧缓慢。

让人觉得神奇的是火体虫不仅会“生物体发光”，对其他光源做出回应，并释放出明亮蓝绿色的光芒。而让科学家更无法理解的是，这么多个体是如何一起运动的，又是如何传达这些行动指令的，好像有某种神秘力量在操控它们一样。

红蟹专属交通管制时间

红蟹大迁徙

圣诞岛位于澳大利亚珀斯西北部的印度洋上，它不仅因丰富的磷酸盐矿而闻名，岛上一年一度的红蟹大迁徙更是令人叹为观止的自然奇观。

▲ [浩浩荡荡的红蟹]

圣诞岛的雨季期间，岛上的红蟹会从丛林中的洞穴中“倾巢而出”，浩浩荡荡地前往海边交配产卵，繁殖更多红彤彤的后代。由于没有天敌，圣诞岛上的红蟹“队伍”不断繁衍壮大。据估算，目前岛上的红蟹大约已有 1.2 亿只。在红

圣诞岛红蟹是生活在东南亚的紫蟹的变种，属于杂食性动物，主要以食用植物落下的叶和花为生，也吃水果、花卉和苗木。还会吃死蟹和鸟类、非洲大蜗牛、可口的人类垃圾。在岛上几乎没有竞争，食物资源丰富。平均寿命 35 年。

▶ [圣诞岛红蟹]

圣诞岛红蟹的头胸部背面覆以头胸甲，壳体的宽度大约为 11.5 厘米。额部中央有第 1、2 对触角，外侧是有柄的复眼。口器包括 1 对大颚，2 对小颚和 3 对颚足。头胸甲两侧有 5 对胸足。腹部退化，扁平，曲折在头胸部的腹面。雄性腹部窄长，多呈三角形，只有前两对附肢变形为交接器；雌性腹部宽阔，第 2 ~ 5 节各具 1 对双枝型附肢，密布刚毛，用以抱卵。

红蟹是仅在印度洋上的圣诞岛和可可岛才有的一种陆蟹。

蟹迁徙的高峰期，岛上的公路甚至都被淹没在一片红色的“蟹海”之中。

这个大自然的神奇景象让人们不得不封掉岛上的路，从而能让红蟹顺利通行。岛上的大部分区域在红蟹迁徙的几个月内都禁止所有车辆通行，就算是能开车的地方，人们也要小心地绕行，避开这些红蟹，所以开车还不如走路快。

据当地人介绍，岛上的事物变化速度惊人，有时上午天气还不错，外面只能偶尔看见一两只蟹，下午就刮风下雨，到了晚上，红蟹大军就出动了。整个岛上像是铺了红地毯，它们朝着印度洋而去。几周以后，只有不到 3 厘米大的小蟹又会成群结队地回到丛林。

这个让人觉得不可思议的场面吸引了世界各地的游客前来观看，14 种不同的蟹都在迁徙，整个过程会持续几周。

有人说澳大利亚圣诞岛上的红蟹有毒，不可食用，其实不过是谣言。这是当地政府为了保护该物种，故意宣传红蟹有毒。其实红蟹不但无毒，而且非常美味。

红蟹的年度迁徙对岛上居民的生活影响很大。整个岛上许多地方都有“小心螃蟹”的路标。高尔夫球场在螃蟹迁徙季节也有特别规定，期间经常会听到“螃蟹过街，横行霸道！”的喊声。

海底麦田圈

河豚的求爱仪式

麦田怪圈以它神奇的巨型图案和神秘的形成原因，吸引着人们的目光。有人说，麦田怪圈是外星人的杰作，也有人说是自然现象造成的，更有人说麦田怪圈是人类制造的……现在麦田怪圈出现在了海底，这又是谁的杰作呢？

▲［河豚］

河豚古时称“肺鱼”。一般泛指鲀形目中二齿鲀科、三齿鲀科、四齿鲀科以及箱鲀科所属的鱼类。河豚为暖温带及热带近海底层鱼类，栖息于海洋的中、下层，有少数种类进入淡水江河中，当遇到外敌时，河豚的腹腔气囊会迅速膨胀，使整个身体呈球状浮上水面，同时皮肤上的小刺竖起，借以自卫。

发现海底怪圈

据国外媒体报道，一位日本潜水摄影师在日本奄美大岛附近海域潜水时发现了一个类似“麦田怪圈”的神秘图案。在 24 米深的海底，一个圆形图案赫然出现在眼前，这个图案的直径约 1.8 米，就像一个散发着光芒的太阳的图腾，每一个凹槽的深度也相当，就像是经过精心建造的一样。

类似的图案在美国佛罗里达州的一片沼泽地里也曾经出现过，沼泽里的图案可以说是海底发现的图案的简单版——就是一个个简单的凹陷的坑，很难想象谁可以建造出如此精致的“海底麦田怪圈”。

河豚毒相当于剧毒品氰化钠的 1250 倍，只需 0.48 毫克就能致人死亡，是迄今为止自然界中发现毒性最强的非蛋白质之一。

根据《山海经 · 北山经》记载，早在距今 4000 多年前的大禹治水时代，长江下游沿岸的人们就品尝过河豚，知道它有剧毒。

吴王夫差成就霸业后，河豚被推崇为极品美食，吴王更将河豚与美女西施相比，河豚肝被称之为“西施肝”，河豚精巢被称之为“西施乳”。

这是小河豚的杰作

这些怪圈是外星人留下的标记？还是一种特殊的自然现象？ 实际上，这个类似“麦田怪圈”的神秘景象，制造者并不是外星人，也不是人，更不是某种

▲ [海底怪圈]

李时珍在《本草集解》中提到宋人严有翼在《艺苑雌黄》中说："河豚，水族之奇味，世传其杀人，余守丹阳、宣城，见土人户户食之。但用菘菜、蒌蒿、荻芽三物煮之，亦未见死者。"

自然力，竟然是一种大小仅为十几厘米长的河豚。如果是一群河豚集体建造了这样一个怪圈也说得过去，但是事实却是：这样一个直径为 1.8 米的怪圈完全由一条河豚完成，而它的工具就是那小得可怜的鱼鳍。

它们为什么这么费力地建造怪圈呢？

建造怪圈为了吸引雌性

制造这种怪圈的河豚是雄性，它们千辛万苦地建造这种大型的图案，在雌性河豚抵达这片区域前，雄性河豚会在这个圆圈上用不规则的花样、贝壳或者珊瑚虫的骨骼装点，其目的是吸引雌性河豚的注意。图案中的凹槽越多，雄性

▲ [干活中的河豚]

河豚获得“美人”青睐的可能性越大。如果雌性河豚看上了这个圆圈和建造这个圆圈的雄性河豚，它就会心满意足地与雄性河豚完成交配，之后雌性河豚会小心翼翼地在这种图案中心区域产下鱼卵，直到6天后这些卵孵化。

此后，雄性河豚会做一个好爸爸，将所有的精细的沙子都堆放到圆圈中间，加固改造新的圆环。

怪圈还是个很好的育儿场所

吸引异性还只是怪圈的作用之一，怪圈中心圆形中的沟壑以及外围的沟壑可以减缓经过这一区域的水流速度，使怪圈中心处于相对平静的状态，用来保护鱼卵和孵化出的幼鱼，不会因随波逐流而漂走，从而保证了它们的繁殖率。这样看来怪圈算是一个育儿的绝好场所。

看到这里谁还会说老婆要套房子的要求过分，连河豚都是这样做的：有房子，最好是漂亮的大房子，当然啦，房子里还得配备很好的育儿区。

> 河豚还有“气泡鱼”“吹肚鱼”“气鼓鱼”（江浙）“乖鱼”“鸡抱”（广东）“龟鱼”（广西）“蜡头”（河北）“街鱼”（福建）“艇鲅鱼”等别称，古时称“肺鱼”。

可见每一只雄性河豚，都是海底的艺术家。为了创造出这种图案，体长只有几厘米的河豚在海底用它的鳍以一种单一的动作在沙子中挖出凹槽。由于鱼鳍太小，建造工程庞大，它不得不没日没夜地工作，真是让人佩服和惊讶。

河豚它们是如何把握怪圈的结构，又为何要把巢穴建成这样，而不是其他的鱼那样的窝呢？这个图案表示什么，并且每条河豚做出来的窝不完全相同？这些怪圈都是它们有意为之的，难道它们有思想？这些都值得科学家研究并深度揭秘。

千里迢迢返故乡

鲑鱼

鲑鱼悲壮又传奇的生命旅程让人类也不得不为之赞叹，曾经有人这样描述鲑鱼：它有人类般的落叶归根的意识、有崇高的舍己为后人的情操、有发达的嗅觉和雷达般的测方位的能力。而在汉语中，“鲑鱼”和“归鱼”谐音，便有了更加拟人和诗情画意的想象：是故乡母亲的味道和孩提时的回忆引导它返回出生的河流。

▲ ［鲑鱼］

鲑鱼是一种古老的冷水鱼类，一亿多年前就已经生存在地球上了。

一条雌性鲑鱼可以产三四千枚卵，而孵化出来的鱼中也许只有两三条能完成这个生命的循环。然而，正是这种难以想象的艰辛和忘我，才使其得以繁衍生息！

鲑鱼是世界名贵鱼类之一。鳞小刺少，肉色橙红，肉质细嫩鲜美，口感爽滑，既可直接生食，又能烹制菜肴，是深受人们喜爱的鱼类。同时有丰富的营养价值，含有丰富的不饱和脂肪酸、虾青素、蛋白质、铜、DHA 等营养物质，具有很高的营养价值，享有“水中珍品”的美誉。

鲑鱼目前主要繁殖在加拿大、挪威、日本和俄罗斯等高纬度地区。

鲑鱼为溯河洄游性鱼类，它在淡水江河上游的溪河中产卵，孵出的幼鱼在河流中生活 1 ~ 5 年后，就开始顺流而下，历经千辛万苦，游向大海，在海洋“牧场”中觅食 3 ~ 4 年后长大成熟。鲑鱼是一种有灵性的动物，临近产卵期时，鲑鱼就会开始思念故乡。为了回家产卵，鲑鱼的洄游近乎不可思议。尽管千里迢迢，逆流而上，千辛万苦，甚至面临被熊吃掉的危险，但是鲑鱼还是会不辞辛劳千里迢迢洄游几百或上千千米返回自己的出生地。

▲ [成群洄游的鲑鱼]

鲑鱼体侧扁，背部隆起，齿尖锐，鳞片细小，银灰色，产卵期有橙色条纹。鲑鱼肉质紧密鲜美，肉色为粉红色并具有弹性。

大海是那样浩瀚，江河是那样漫长，鲑鱼是怎样在无数流入海洋的河流中，认出它们出生的河流，从而千里迢迢回到家乡的呢？

科学家们在几条河流中捕捞了300条鲑鱼，将其中一半鲑鱼的鼻孔，用棉花堵塞，然后在1千米左右的地方将它们放入水中，被堵塞了鼻孔的鲑鱼，很多都丧失了辨别方向的能力，走错了河岔；未被堵塞鼻孔的，则几乎全部正确地游进了自己居住过的支流。

可见在幼鲑生活的每一条河流中，都有一种特殊的气味，这些气味深深地印在鲑鱼的记忆中，成年鲑鱼就是循着这种气味嗅迹，从大海中游回它们幼年生活过的河流的。但鲑鱼怎样在辽阔的海洋里辨别方向，以便到达能够嗅到这种气味的地点呢？这至今仍然是个谜。

世界上真正的鲑鱼只有5种，其他所谓的鲑鱼实际上都是人们的习惯性叫法而已。

这五种鲑鱼分别是：

（1）北极鲑——也叫北极红点鲑鱼；
（2）七彩鲑——也叫美洲红点鲑鱼；
（3）多丽鲑——也叫花膏红点鲑鱼；
（4）雷克鲑——也叫湖鲑、灰鳟鲑；
（5）牛头鲑——也叫红点鲑、三纹鲑。

▲ [红色的鲑鱼肉]

冰海奇兽

一角鲸

一角鲸在漫长的进化过程中，嘴里伸出了一只细长的尖齿，足足有体长的一半，其全部为齿质，突出在前面，仿佛头上的一只怪“角”。

▲［一角鲸］

一角鲸繁殖率较低，因天敌海象的猎食和人类的滥捕，如今只剩下1万头左右了。《濒临绝种野生动植物国际贸易公约》已将一角鲸列入需监控并管制其身上长牙的交易，以免该物种陷入灭绝的危险。

一角鲸体长一般在4～5米（不包括长牙），雄性略长于雌性。一角鲸可能是世界上最神秘的动物之一，主要分布在大西洋和北冰洋海域，大多数集中在加拿大北部和格陵兰岛西部的海湾，速度极快，神出鬼没，又叫海洋独角兽。它们是深层潜水者，会在海洋各层深度觅食。

“魔杖”

人们过去常常把一角鲸看成是传说中独角兽的化身，一些国家的王室甚至把一角鲸的长角当成驱魔与解毒的工具。人们相信鲸牙具有医疗效果，甚至具有魔力。在鲸牙价值最高的中世纪，“独角兽的角”价格是同等重量的黄金的10倍。

曾经有个海盗带回来一只细长的白色长角，人们不知道它长在哪种珍奇动物身上。由于当时迷信盛行，就说这种长角来自一种奇兽——“独角兽”的头。后来，它的角被说成具有防治百病和解毒的功用。用这种角制成的“魔杖”，只要碰一下食物，即使里面下了毒，吃了也无妨。

如果用它制成酒杯，可以解去谋害者放进的毒药。欧洲当时的一些君主、教皇都把它视为至宝，甚至把它当作“魔杖”。

独角兽就是一角鲸

传说英国伊丽莎白一世女王曾收到一根价值1万英镑的长角，在当时可以买下一座城堡。

1577年6月，英国的马丁·佛罗比实到北极去考察，途中遇到了风暴，船队在巴芬岛的一个海湾中避风。有人发现一个奇怪的动物，它像海豚，长约4米，头部伸出2米多长的“角”。马丁看到那洁白如象牙的“角”，想起了传说中的“独角兽”，于是率领船员将它捕捉，带回国献给了女王。至此，人们才知道，那传说中的独角兽就是一角鲸。

雌鲸很少有这种怪角

一角鲸习惯集体生活，成群结队地出没。它们喜欢在水里嬉戏，常常用长角进行击剑比赛，但很少刺戳对方。让人感到奇怪的是，一角鲸的雌鲸很少有这种怪角。

多年来，一角鲸长角的功用让许多科学家感到困惑。有人说长角用来破冰；也有人说，长角便于一角鲸在海底叉鱼和挖掘食物；还有人说，长角在一角鲸统帅鲸群时用作“牧羊鞭”；更有人说，长角是一种“声音角斗”的工具，声音从牙端辐射出去，把对手驱逐出雌一角鲸群。

一角鲸经济价值很高

一角鲸的经济价值很高，各国用鲸角制作剑和短剑柄。因纽特人用长角做鱼叉尖和矛，雕刻成各种工艺品。其脂肪可炼鲸油，鳍可食用，皮可以制作皮带和狗的挽绳，皮中含有大量维生素C，因纽特人喜欢吃鲸皮，鲸肉可喂北极狗。

▲ [一角鲸角做成的酒杯]

▲ [正面为英国女王，背面为一角鲸的纪念币]

一角鲸上颚长着两颗牙齿。当雄鲸一岁时，左侧的牙齿就会突出，变成长牙；但雄鲸两颗牙齿都突出的概率有2‰，形成双长牙。只有极少数人曾见过“双长牙一角鲸”。

一言不合就活埋自己

海龟

众所周知，海龟作为一种两栖动物，不管是在陆地上，还是在海里，都能够很好地生存。在人类航海史上，屡有海龟救人的传奇故事。海洋生物学家们对它的生活习性进行了不少研究。

在美国佛罗里达州东海岸的加纳维拉尔海峡，人们曾经意外发现了一头整个身体都埋在淤泥里的海龟。当时，他们还认为是个海龟壳，当扒开淤泥挖出来之后，发现竟然是只活海龟！

海龟是海洋中躯体较大的爬行动物，它们用肺呼吸，因此每下潜十几分钟就要浮到水面上换一次气，不然就会被憋死。究竟是什么原因导致海龟把自己活埋起来呢？这是它们冬眠的一种形式？还是它们清除藤壶的一种方法？或者是它们在冰凉的海水中自我取暖的一个窍门？面对这一个个问题，海洋生物学家们纷纷道出他们各自不同的观点并做试验去证明。

经过长期的观察研究，海洋生物学家们发现海龟的“自埋”不是为了清除藤壶，也不是为了取暖，而且海龟的“自埋”只是短暂的现象，这也推翻了冬眠之说。

可是，海龟为什么要“自埋”呢？海龟“自埋”现象的发生是偶然的还是经常的？

这些问题到目前为止还是一个不解之谜，等待人们继续揭秘。

会“生崽”的植物
胎生红树林

红树林有着太多的习性与众不同。它是植物却具有胎生习性，像动物一样繁育后代；它生长在泥土里，“根”却反窜出来，露出地面呼吸；它的枝叶都是绿色的，却叫“红树”。

红树是一种小乔木，高2～12米，生活在热带、亚热带沿海一带的海滩上。我国广东、海南岛、福建和台湾的沿海地区，都有它的分布。在这些地方，红树和别的树木一起组成了红树林。红树林里有常绿的乔木和灌木，树林非常稠密。海滩上每天都涨潮和退潮，涨潮时，树木的树干全被海水淹没，树冠在水面上荡漾；退潮后，棵棵树木又挺立在海滩上，形成了海滩上的奇特景观。

绿色的叶子却叫作红树

红树，顾名思义应该是“红色的树”，然而，这个红树却全是绿色的。但红树林的确因“红”而名，专家是这样解释的：在世界的热带、亚热带地区，一些生长在陆地的有花植物，进入海洋边缘后，经过极其漫长的演化过程，形成了在潮间带生长的红树林，这种在潮涨潮落之间，受到海水周期性浸淹的木本植物群

▶ [红树林的种子]

落因其富含“单宁酸”，被砍伐后氧化变成红色，故称“红树”。

可以呼吸的根

红树林另一大特点就是其极具特色的“根”。红树植物都有许多支根，从淤泥中或水面下向上生长，挺立在空气中，这些根伸出泥土表面以帮助植物体进行气体交换。这种根外有呼吸孔，内部有薄的皮层和发达的通气组织，以利于通气和贮藏气体，维持植物的正常生长。

奇特的胎生植物

红树林最奇怪的特征是其独特的繁殖方式。哺乳动物怀胎几个月，会生下一个“小宝宝”，大家绝不会感到奇怪。植物一向是开花结籽，繁衍后代。但如果说某种植物是胎生的，一定有不少人觉得很新奇了。海滩上的红树，就具有胎生这种繁育后代的奇怪特性。红树的种子成熟以后，直接在果实里发芽，吸取母树里的养料，长成一棵胎苗，然后才脱离母树独立生活。

▲［红树林］

每年春天和秋天，红树植物都要开花，每次开花后结的果实也特别多。果实像个小棒子似的挂在树上。直到小树的绿枝芽都从果实里冒出来，长到 30 厘米时，才离开母树一头插在海滩里，不到几小时，就顽强地生长出自己的根来。脱离母体的幼苗犹如动物生下的小崽一样，因此人们把用这种方式繁殖后代的植物称为胎生植物，也有人称之为胎萌植物。

红树胎生和它特殊的生活环境有密切关系。

惊恐的集体行为

鲸集体搁浅自杀

当人们问起，鲸为什么会搁浅时，希腊大哲学家亚里士多德直率地告诉人们：“鲸究竟为什么会搁浅？我无法回答这一难题。”虽然这样的回答有点敷衍，但是这种神秘的自杀现象，自古以来就一直使人们感到困惑不解。

鲸是生活在海洋中的哺乳动物，是世界上存在的哺乳动物中体形最大的，不属于鱼类。鲸的祖先和牛、羊的祖先一样，生活在陆地上，后来环境发生了变化，鲸的祖先就生活在靠近陆地的浅海里。又经过了漫长的年代，它们的前肢和尾巴渐渐成了鳍，后肢完全退化了，整个身子成了鱼的样子，适应了海洋的生活。

▲［鲸集体搁浅死亡］

自古以来，人类就注意到一种奇怪的现象，常有单独或成群的鲸，冒险游到海边，然后在那里拼命地用尾巴拍打水面，同时发出绝望的嚎叫，最终在退潮时搁浅死亡。

每年全球各处的鲸都有自行搁浅或冲上沙滩集体死亡的行为。

鲸的集体自杀，目前已排除人为因素，但鲸为什么会搁浅自杀呢？对此众说纷纭，希腊历史学家普鲁塔赫把鲸搁浅现象解释为“集体自杀”。这显然是不科学的。因为鲸不可能具有人类那样丰富的感情，再说鲸一旦搁浅后，往往显得很惊恐，甚至发出悲惨的求救声。目前很多科学家认为鲸搁浅自杀可能与

据记载，1783 年，曾有 18 头抹香鲸冲往欧洲易北河口，在那里等死。次年，在法国奥迪艾尼湾又有 32 头抹香鲸搁浅。

18 世纪，一些航海家在塔斯发现恐怖的鲸坟场，呈现一片凄惨景象。

历史上最骇人听闻的鲸集体自杀行动发生在 1976 年，在美国佛罗里达州的海滩上，突然有 250 头鲸游入浅水中，当潮水退下时它们被搁浅在海滩上。美国海岸警卫队员们试图阻止这些鲸自杀。最终，它们还是渴死在沙滩上。

2015 年，智利南部 337 头鲸集体自杀事件震惊全世界。这也是有史以来最大规模的鲸搁浅群。

鲸的回声定位系统有关。

同海豚相似，鲸辨别方向并不是靠它的眼睛。鲸的眼睛与它的身材是极不相称的，而且视觉极度退化，一般只能看到 17 米以内的物体。一头巨大的鲸还不能看到自己的身体那么远。那鲸又依靠什么来测物、觅食和导航呢?

原来，鲸能发射出频率范围极广的超声波，这种超声波遇到障碍物即反射回来，形成回声。鲸就根据这种超声波的往返来准确地判断自己与障碍物的距离，定位的误差一般很小。

苏联生物科学博士、海洋哺乳动物专家托米林认为，鲸类动物在同伴遇难时会集体前往营救，而且不成功决不离开。具体地说，鲸保护同类的本能，才是造成所谓“自杀”现象的主要原因。

也有一些科学家通过对数头冲进海滩搁浅的自杀的鲸解剖发现，绝大多数死鲸的气腔两面红肿病变，因此认为导致鲸搁浅的原因可能是由于其定位系统发生病变，使它们丧失了定向、定位的能力。如果有一头鲸冲进海滩而搁浅，它会发出遇难信号，那么其他鲸接到信号后就会奋不顾身地跟上去营救。在这种情况下，鲸救护同类的本能大大压倒了保护自身的本能，使援救者同样陷进困境，以致接二连三地搁浅，形成集体自杀的惨剧。

还有科学家认为，鲸的集体自杀，失去辨别能力，是因为它们追逐海船，船体涂料（采用三丁基锡、三苯基锡等防止贝类附着）还有渔网防腐剂影响神经系统所致。

对鲸的自杀之谜，有着如此种种的推测。目前来说，保护鲸的人们所能做到的，只是尽量把搁浅的鲸拖回大海，使它们继续自由自在地生活。

科学界还有很多其他观点来解释鲸自杀这一现象。

失常论。认为鲸可能受到意外刺激，仓皇出逃导致遇险。

返祖论。认为鲸的先祖为陆生，当它们在水里遇到不利情况时，就逃上陆地，寻找安全之处躲避风险，久而久之形成一种习惯。

病因论。认为鲸之所以离水上岸，主要因为病魔缠身，身体过于虚弱不堪，无力驾驭风浪，随波逐流被海水推上岸。

摄食论。认为鲸有近岸摄食的习惯，当鱼和乌贼洄游近岸或产卵生殖时，鲸也会尾随而来，由于贪食，造成退潮后的搁浅。

中毒论。认为鲸沿着船舶航线嬉戏追逐时，神经系统和内脏被溶于水的有机锡涂料毒害，导致辨别方向感紊乱，从而搁浅身亡。

太阳干扰论。认为当太阳黑子的强烈活动因其地磁场异常而发生“地磁暴”，破坏了正在洄游的鲸的回波定位系统，从而使之走上“绝路”。

以上的种种观点似乎都能自圆其说，但是又无法完满地解释鲸频频“自杀”的原因，至今，对于这一现象，科学界仍然众说纷纭。

朝当娘来夕当爹

蓝条石斑鱼

蓝条石斑鱼的雌雄性别每天可变换数次。若两条鱼交配产卵，则其中一条先当雌鱼，另一条充当雄鱼，一旦交配完后，就互换性别继续繁殖。这样奇妙的雌雄变化能力在生物界中十分罕见。

蓝条石斑鱼分布于印度–太平洋区，包括东非、波斯湾、日本南部、我国台湾、澳洲北部、斐济群岛等海域。其胸鳍较眶后区短，眼小，短于吻长。口大；上下颌前端具小犬齿或无，两侧齿细尖，体呈紫褐色，体侧有大小不一的白色斑点。前鳃盖骨后缘微具锯齿，下缘光滑。鳃盖骨后缘有不太明显的扁棘。

一份2004年的报告详细阐述了人类污染会影响物种的内分泌系统，比如北极熊和鳄鱼。因为人类排放的废物和化学物质中含有激素，导致这些动物发生异常变性，使它们的繁殖生育因此变得困难。

印度洋红海珊瑚丛中有一种白头翁鱼，每到生殖季节，原来的性别会全部进行转换，雄鱼变成雌鱼，雌鱼变成雄鱼。不过，雌鱼变成雄鱼后的20多天里仍然能够产卵。

蓝条石斑鱼是鱼类中的一个特殊群体，在基因或者环境因素的影响下，蓝条石斑鱼可以变性，并且一天内可以多次变性，其目的是更好地繁衍后代。一个人想变性是相当棘手的事情，但是这对蓝条石斑鱼类来说就容易许多了。

若两条蓝条石斑鱼交配产卵，其中一条充当雌鱼，另一条则充当雄鱼，一旦交配完后，它们互换雌雄，再进行繁殖。在产卵的时候，1对婚配的鱼在1天时间里要发生5次性别的变化。这种现象既叫变性，又叫“雌雄同体”和“异体受精”。科学家们分析，或许是因为蓝条石斑鱼的卵子比精子大许多，假如只让雌性产卵，负担太重，代价太高。而假如双方都承担既排精又排卵的任务，繁殖后代的机会会更多一些。

▲ [蓝条石斑鱼]

变性是低等动物在进化过程中为了适应生存和更有利地繁殖后代所演变的一种独特的功能。鱼类的种种变性现象是科学家正在探索的一个课题。

最强壮的雌鱼“升格”为雄鱼

红鲷鱼

同样是变性，红鲷鱼和蓝条石斑鱼不同，它们更具组织纪律性。不是谁都有资格变性的，只有当鱼群中没有了雄鱼，最强壮的雌鱼才会变性。

牡蛎是一种俗名叫蚝的软体动物，不仅营养丰富，而且是动物世界中的变性高手。牡蛎的性别一年一个样，即去年是雄性，今年就变成雌性，来年又是雄性，雌雄交替，年年变化，周而复始，终其一生。但每个牡蛎变化的时间各不相同，并不是同时发生的。

▲ [红鲷鱼]

红鲷鱼一般分布在我国的渤海、黄海、东海、南海等地，红鲷鱼肉味鲜美醇正，营养丰富，是迎宾待客的名贵海味佳肴。

红鲷鱼喜群居，每一群红鲷鱼中只有一条雄鱼，其余的全都是雌鱼。一旦这条雄鱼死去，便会出现奇怪的事情：在剩余的雌鱼中，身体最强壮的一尾便发生体态变化，鳍逐渐变小，体色变艳，内部器官也随之发生变化，成为彻头彻尾的雄鱼。如果这条变化而来的雄鱼再死去，另一尾最强壮的雌鱼就又要“升格”为雄鱼，最后成为鱼群中的新头领。更为有趣的是，红鲷鱼的这种变化，和它们的视觉有着密切的关系：只有当雌鱼看不到有雄鱼存在时，才会发生这种变化。有人曾做过一个试验，把红鲷鱼的一个小家族放在试验池内，只见雄鱼游在鱼群的前头；把雄鱼从池内捞出，当时鱼群就乱了起来，几小时后雌鱼中有一条长得十分壮健的鱼游在前面，“掌了大权”。后来，将这条掌权的鱼解剖，发现这条雌鱼已变成雄鱼了，因为它体内已有精巢而卵巢已消失掉了。

为什么低等海洋动物会发生变性，至今仍是个谜。

生物的性别不仅由基因和染色体决定，有时环境因素也能改变性别。变性的环境原因包括温度、河水污染及缺氧等。

世界上最孤独的鲸
52 赫兹鲸

很多动物都会发出特有的声音，但鲸发出的不是那种不怎么悦耳的叫声，它们是在唱歌，并且歌声很优美动听。鲸喜欢唱歌，享有“海上百灵鸟”的美誉。

▲［鲸］

鲸是一种很聪明的动物，它有一种和人类相同的本领——能够思考和想象，最神奇的是鲸还能唱歌。

1989 年，美国伍兹霍尔海洋研究所的威廉·瓦特金斯无意中注意到了“52 赫兹鲸”的叫声。

一般情况下，大部分雄性长须鲸或蓝鲸的歌声频率在 15 ~ 25 赫兹，这个频率太低了，人的耳朵是无法听见的。但是在大海中，游荡着一只特殊的须鲸，它的频率是 52 赫兹。它发出的信号严重跑调，同伴们永远也接收不到，虽然它这么多年来一直在唱歌，然而在同伴眼里，它就是个哑巴。而且它的行踪或东或西，或南或北，毫无规律，它从不留恋某处，也不长期驻足某地。它始终保持着孤独状态，独自在海里游荡，它也

1992 年，科学家开始跟踪并监听“52 赫兹鲸”，在其他鲸眼里，“52 赫兹鲸”就像是个哑巴，它这么多年来没有一个亲属或朋友，唱歌的时候没有人听见，难过的时候也没有人理睬。

因此被称为“世界上最孤独的鲸”。

英国《每日邮报》报道中称，20多年来，这条52赫兹鲸“一直在孤独地歌唱，试图寻觅一个朋友，这是世界上最孤独的鲸。”美国《新科学家》中报道，“尽管52赫兹鲸的确切年龄我们不得而知，但自从被发现之后它又继续存活了20多年。尽管人类认为它孤零零的，但是52赫兹鲸看来健康得很。”《纽约时报》中提到，“这头52赫兹鲸能在如此严峻的环境里独自生存了这么多年，这个事实足以说明它没什么健康问题。”

但也有科学家有不同的认识。他们认为随着越来越多的“孤独鲸”的出现，这样“曲高和寡”一定是鲸的发声器官出现了问题。

但也有人提出疑问：如果是鲸的发音器官出现了问题，那为什么“52赫兹鲸”能活那么久？

有专家认为虽然没有同伴理会，但这种“异常”对它的生存并不会带来大的影响。须鲸是滤食性的鲸，一口可以吸进很多食物，所以用不着精准的捕猎。另外，海洋里没有那么多障碍物，它也不用时刻感知、避让。

如今，已知的海洋中鲸目有两大类：一种是靠牙齿进食、以捕食为生的齿鲸亚目，如抹香鲸、虎鲸（逆戟鲸）、海豚等；另一类是靠嘴里梳子一样的鲸须进食、以滤食为生的须鲸亚目，如蓝鲸、灰鲸等。齿鲸们通过头上的鼻孔“哼”出各种声音：从短促的叽喳声到超声波，它们精于回波定位的捕食之道。而须鲸们的取食方式使它们没有精确回波定位的需求，它们也不哼超声波，而是通过喉部唱出低沉的歌。全世界不同海域的须鲸，都有属于自己群体的独特歌声。

令人吃惊的不是这头“52赫兹鲸”的高频歌声，而是须鲸的喉部并没有声带一样的结构，所以人类至今还不能确知它们是如何唱歌并能发出如此天籁般声音的。

“52赫兹鲸”的适应力鼓舞着每一颗孤独的心，尽管它唱响的20多年无应答的呐喊，只是在冰冷的北大西洋里孤寂地回荡着，它也一直没有停下来。

根据专家的连续监听推测，“52赫兹鲸”或许是一条灰鲸。灰鲸幼鲸为黑灰色，但成年后则呈褐灰色至浅灰色。它们的全身密布浅色斑，以及由鲸虱和藤壶类构成的白色至橙黄色的斑块。这些体外寄生物的斑块成为该种的特征之一。

针对“52赫兹鲸”这条“极个别”鲸，生物学家提出过这样一个理论，那就是它可能是一个缺陷儿，或者也可能是一个稀有的混血儿——可能来自一头蓝鲸和一头长须鲸的杂交。但是不论怎样解释，这头“52赫兹鲸”独自歌唱，独自旅行，是独一无二的。

分身有术的变戏法

海星

若把海星撕成几块抛入海中，每一个碎块会很快重新长出失去的部分，从而长成几个完整的新海星。

▲［海星］

海星是棘皮动物中的重要成员。五条腕的海星形状很像五角星，它的口位于腹面，肛门在背面。腹面为浅黄色或橙色，背面为浅色底子上衬着紫色或深褐色的斑纹。海星腹部着地，五条腕伸开，腕中空，有短棘和叉棘覆盖。下面的沟内有成行的管足（有的末端有吸盘），使海星能向任何方向爬行，甚至爬上陡峭的面。

把胃翻出来享用食物

海星捕食的方法十分奇特，且特别喜欢吃贝类、海胆、螃蟹和海葵等。它捕食时常采取缓慢迂回的策略，慢慢接近猎物，用腕上的管足捉住猎物并用整个身体包住它，它并不是把食物送到嘴里“吃”，而是把胃从嘴里翻出来，利用消化酶让猎物在其体外溶解并被胃吸收。待食物消化后，再把胃缩回体内。

惊人的再生本领

海星还有一种特殊的能力——再生。海星的腕、体盘受损或自切后，都能够自然再生。海星的任何一个部位都可以重新生成一个新的海星。由于海星有如此惊人的再生本领，所以断臂缺肢对它来说是件无所谓的小事。因此，某些种类的海星通过这种超强的再生方式演变出了无性繁殖的能力。目前，科学家们正在探索海星再生能力的奥秘，以便从中得到启示，为人类寻求一种新的医疗方法。

全世界大概有1500种海星，大部分的海星是通过体外受精繁殖的，不需要交配。雄性海星的每个腕上都有一对睾丸，它们将大量精子排到水中，雌性也同样通过长在腕两侧的卵巢排出成千上万的卵子。精子和卵子在水中相遇，完成受精，形成新的生命。从受精的卵子中生出幼体，也就是小海星。

▲ [蓝鲸]

迄今为止最大的哺乳动物

蓝鲸

蓝鲸是地球上首屈一指的巨兽，论个头堪称兽中之王，它也是著名的大胃王，每天吃掉 4 ~ 8 吨食物。

蓝鲸是一种海洋哺乳动物，蓝鲸亦称“剃刀鲸”，是地球上最大与最重的动物，属于哺乳纲、鲸目、鲣鲸科。

蓝鲸在晚秋开始交配，并一直持续到冬末，雌鲸通常 2 ~ 3 年生产一次，在经过 10 ~ 12 个月的妊娠期后，一般会在冬初产下幼鲸。

蓝鲸与其他须鲸一样，主要以小型的甲壳类（例如磷虾）与小型鱼类为食，有时也包括鱿鱼。

蓝鲸分布广泛，从北极到南极的海洋中都有。蓝鲸的身躯瘦长，背部是青灰色的，全身呈蓝灰色，不过在水中看起来有时颜色会比较淡。目前已知蓝鲸至少有 3 个亚种。

蓝鲸一般体长为 22 ~ 33 米，体重为 150 ~ 240 吨，它不但是最大的鲸类，也是现存最大的动物，是迄今为止最大的哺乳动物。估计只有中生代的一些恐龙体长可能超过蓝鲸，但是体重却依然难以与之相比。目前捕到的最大蓝鲸是

1904年在大西洋的马尔维纳斯群岛发现的，这头蓝鲸长33.5米，体重195吨，相当于2000 ~ 3000个人的重量的总和。所幸的是，由于海洋浮力的作用，它不需要像陆生动物那样费力地支撑自己的体重，这样大的躯体也只能生活在浩瀚的海洋中。

▲［蓝鲸］

蓝鲸虽然生活在大海里，但也同其他哺乳动物一样，用肺进行呼吸，肺的重量达1000多千克，能容纳1000多升的空气。每当它的头部露出水面呼吸时，一股强有力的灼热气流会冲出鼻孔，把附近的海水也一起卷出海面，喷射的高度可达10米左右，宛如一股海上喷泉，同时还发出犹如火车的汽笛一般响亮的声音，人们称之为“喷潮”。

蓝鲸还是绝无仅有的大力士。假如把一头大型蓝鲸看作一部机器，它所具有的功率可达1250千瓦，可以与一辆火车头的力量相匹敌。蓝鲸有一个扁平而宽大的水平尾鳍，这是它前进的原动力，也是上下起伏的升降舵。由前肢演变而来的两个鳍肢，保持着身体的平衡，并协助转换方向，这使它的运动既敏捷又平稳，使这样一个庞然大物一点也不笨拙，它的游泳速度每小时可达15海里。

蓝鲸胃口极大，一次可以吞食磷虾约200万只，每天要吃掉4 ~ 8吨食物，如果腹中的食物少于2吨，就会有饥饿的感觉。

一个喷气发动机运作时发出的声音是140分贝，蓝鲸一嗓子能喊188分贝，160千米以外的同伴都能听到。

一般通过数蓝鲸的耳屎层数来判断它们的年龄，目前科学家数过最多的蓝鲸耳屎达到100层，也就是说这头蓝鲸有100岁。但是普遍认为蓝鲸的寿命在80 ~ 90岁之间。

蓝鲸虽然能吃，很难想象它的喉咙口只有一个小苹果那么大。如果蓝鲸吃到一个扔在海里的矿泉水瓶子就会被噎死。

聪明的海洋救生员

海豚

海豚的大脑容量比黑猩猩的还要大，是一种高智商的动物，也是一种具有思维能力的动物。它的救人“壮举”完全是一种自觉的行为。也可以说是一种巧合，其固有行为与“救人”现象正好不谋而合。

海豚是与鲸和鼠海豚密切相关的水生哺乳动物，大约于1千万年前的中新世进化而成，广泛生活在大陆架附近的浅海里，偶见于淡水之中。主要以鱼类和软体动物为食。

1949年《自然史》杂志上披露了海豚救人的奇特经历：美国佛罗里达州一位律师的妻子，在一个海滨浴场游泳时，突然陷入了一个水下暗流中，一排排汹涌的海浪向她袭来。就在她即将昏迷的一刹那，一条海豚飞快地游来，用它那尖尖的喙部一直把她推到浅水中为止。这位女子清醒过来后举目四望，想看看是谁救了自己。然而海滩上空无一人。只有一条海豚在离岸不远的水中嬉戏。

海豚具有齿鲸类典型的形态学性状：纺锤形的身体；单个新月形的呼吸孔；头骨套叠，上颌骨向后扩展与额骨重叠；颅顶偏左的不对称；圆锥形或钉状的齿等。

历史上流传着许许多多关于海豚救人的美好传说。早在公元前5世纪，古希腊历史学家希罗多德就曾记载过一件海豚救人的奇事。

有一次，音乐家阿里昂带着大量钱财乘船返回希腊的科林斯，在航海途中

▲ [成群的海豚]

水手们意欲谋财害命。阿里昂见势不妙，就祈求水手们允诺他演奏生平最后一曲，演奏完后纵身投入了大海的怀抱。正当他生命危急之际，一条海豚游了过来，驮着这位音乐家，一直把他送到伯罗奔尼撒半岛。这个故事虽然流传已久，但是许多人仍感到难以置信。近年来，类似的报道越来越多，这表明海豚救人绝不是人们臆造出来的。

海豚不但会把溺水者送到岸边，而且人们在遇上鲨鱼时，它们也会挺身相救。1959 年夏天，“里奥·阿泰罗”号客轮在加勒比海因爆炸失事，许多乘客都在汹涌的海水中挣扎，附近的鲨鱼闻到了血腥味儿，就大批地赶来，眼看人们就要死于鲨鱼之口，此时成群的海豚犹如“天兵天将”突然出现，赶走了那些海中恶魔，使遇难的乘客转危为安。

海豚是一种救苦救难的动物，人类在水中发生危难时，往往会得到它的帮助。海豚也因此得到了一个“海上救生员”的美名，许多国家都颁布了保护海豚的法规。

古人们总以为海豚是神派来的保护人类的。但是这样的认知，在科学面前好像有点牵强，那么海豚为什么要救人呢?

由于科学的进步，人们对海豚的认识进一步加深，其神秘面纱逐渐被揭开。那么，海豚救人究竟是一种本能呢，还是受着思维的支配?

海洋动物学家认为，海豚救人的美德，来源于海豚对其子女的“照料天性”。原来，海豚是用肺呼吸的哺乳动物，因此对刚刚出生的小海豚来说，最重要的事就是尽快到达水面，但若遇到意外的

▲ [海豚]

在人们的印象中，鲨鱼是海中霸王，可是它却会“怕”海豚，这想必让人意想不到吧!

事实上鲨鱼怕海豚是由于两点原因：

（1）我们知道海豚智商非常高，它们是高度社会化的动物，尤其会成群结队的活动。当遇到敌人开始战斗时，它们会利用地形、工具和阵型等一切可以利用的优势来击败对手。

（2）其次，海洋中有一种虎鲸，属于海豚科，它继承了海豚科的高智商和高度社会化，而且有着体型的优势，一条鲨鱼对抗一条虎鲸都难以取胜，更何况是一群虎鲸，其胜负不言而喻。

▲ [BBc 拍摄的《The Girl Who Talked To Dolphins》]

在 1965 年，当时 23 岁的玛格丽特，受美国太空总署资助，负责教一条 6 岁大樽鼻海豚 Peter 英文。玛格丽特与 Peter 被安排住在“海豚之家”，日夕相对，无论进食、洗澡、睡觉和玩耍都在一起。为了让 Peter 看清口形，玛格丽特特意将脸涂成白色，嘴唇则涂成黑色，Peter 最终勉强能发出类似 one、we、hello 等简单字词的声音。其后研究员一度安排 Peter 与另外两只海豚同住，海豚之后也变得比较温和。

没想到就在此时，实验突然因欠缺经费而结束，Peter 被移送到迈阿密，身体状况随即变差，最后更拒绝呼吸，沉下水缸，自杀身亡。至于它是因为转变还是被逼与玛格丽特分离而自杀，则不得而知。

海豚是一种社会性很强的动物，当海豚发现自己的同伴溺水后，就会将它托出水面呼吸。

按照这种解释，海豚救人似乎是生性使然，但是大多数人还是愿意相信，海豚救人是它们智慧的善举。

时候，海豚妈妈会用喙轻轻地把小海豚托起来，使其露出水面，直到小海豚能够自己呼吸为止。

这种照料行为是在长时间自然选择的过程中形成的。由于这种行为是不问对象的，一旦海豚遇上溺水者，误认为这是一个漂浮的物体，也会产生同样的推逐反应，从而使人得救。但也有海洋学家觉得，把海豚的救苦救难行为归结为动物的一种本能，其根源是对动物的智慧过于低估。

海洋学家认为，海豚与人类一样也有学习能力，有海中“智叟”之称。研究表明，不论是绝对脑重量还是相对脑重量，海豚都远远超过了黑猩猩，而学习能力又与智力发达密切相关。

神秘海底巨泡

赤鱿

2015 年，有潜水员在土耳其近海水下发现了一个神秘的、凝胶状的巨大水泡。这个透明的泡泡宽大约为 4 米，漂浮在水下约 22 米深的地方。

这个神秘海底巨泡在土耳其费特希耶附近海域约22米深处，其外观呈现透明且触感相当柔软，近距离观察时可察觉泡泡中含有许多游动的斑点。根据国外杂志介绍，2008 年在加利福尼亚湾中，人们曾发现一个类似的巨大卵泡，宽度也达到了4米，其中包含有接近200万颗卵。

▲ [长达四米的水泡]

▲ [赤鱿]

美国华盛顿特区史密森尼自然历史博物馆的专家迈克尔·维舍尼称，这可能是他所见到的最大的鱿鱼卵。维舍尼博士推测，这些卵属于当地的鱿鱼物种——赤鱿，这种奇特现象可能是赤鱿产下的一大团卵。

赤鱿的卵是极其罕见的，因为它们通常很快孵化，巨大的卵泡可能只维持几天时间。赤鱿喜欢把卵产在深海里，偶尔才会冒险在浅水中产卵。刚孵出来的鱿鱼眼睛还没有完全形成，触手还结合在一起。这些幼体大约 1 毫米长，生长迅速，一个月之后就能长到 7 毫米长。目前还没有人观察到赤鱿产卵的过程，赤鱿幼体如何发展出寻找猎物的能力也依然是一个谜。

有“人眼”的水母

箱形水母

箱形水母因外形微圆，像一只方形的箱子而得名，其触须对人体有剧毒，它也属于最早进化出眼睛的第一批动物。

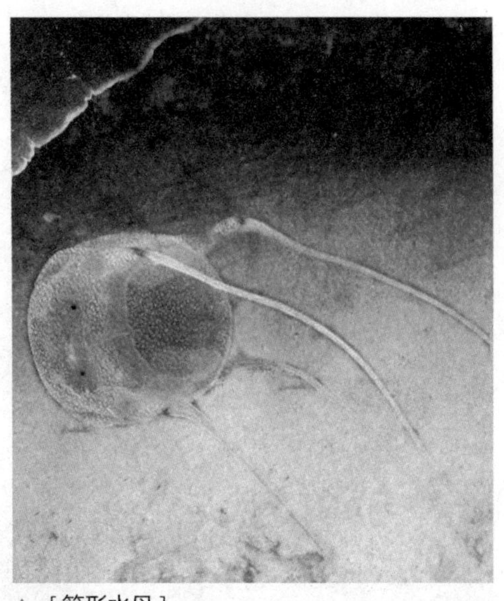

▲ [箱形水母]
箱型水母含有剧毒，让人们对它很害怕，科学家正在对箱形水母毒液的结构进行分析，希望能制造出防治良药，避免再发生箱形水母致人死亡事故。

箱形水母是一种淡蓝色的透明海洋生物，形状像个箱子，有4个明显的侧面，外表十分好看。箱形水母主要分布于澳大利亚北部、越南、巴布亚、新几内亚以及菲律宾海域。

大量证据显示，每年有数十人甚至上百人命丧箱形水母之手。根据美国国家科学基金会提供的数据，单是在菲律宾，每年就有20～40人死于箱形水母的毒刺。

瑞典科学家的一项研究发现，带有剧毒的箱形水母拥有和人一样的眼睛，只是比人类眼睛更多，箱形水母有24只眼睛，分布在管状身体顶端的杯状体上，这些眼睛分为4种不同类型，有一对眼睛只能用来感知光度，有一对眼睛感知物体的色彩和尺寸大小。有一只眼睛位于它箱状身体的顶端，其他一些眼睛则在底部，这使它可以看到整个身体周围的海底世界。

箱形水母被认为是世界上最毒的动物之一，它有60条3米长的触须，触须上有数十亿个毒囊和毒针，一只箱形水母的毒素足以毒死60位成年人，中了箱形水母的毒后，4分钟内不救治的话必将死亡，因为它的毒液损害的是心脏，当毒液侵入人的心脏时，会损坏肌细胞跳动节奏的一致性，从而使心脏不能正常供血，导致人迅速死亡。据专家说，醋酸可杀死箱形水母的触须，所以去有箱形水母的地方的人，最好要带一瓶醋，以便在遭遇箱形水母时使用。

残忍的温柔

鲨鱼救美

众所周知，鲨鱼是一种凶猛残忍的海洋动物，古往今来，在鲨鱼口中丧生的人不计其数。然而却有消息说，鲨鱼曾在海里救过人。

鲨鱼，在古代叫作鲛、鲛鲨、沙鱼，是海洋中的庞然大物，所以号称“海中狼”。鲨鱼早在恐龙出现前3亿年前就已经存在地球上，至今已超过5亿年，它们在近1亿年来几乎没有改变。

就是这样的“海中狼”，嗜血成性的家伙，在海中，不但没有吃人而且对她们进行了施救行为，简直让人不可思议。

瓦努阿图，一个遥远的南太平洋的岛国，由83个岛屿（其中68个岛屿有人居住）组成。大自然对瓦努阿图的恩赐是丰厚的，不仅给了它丰饶的土地，而且给了它多样的旅游资源。

▲［鲨鱼］

据科学家研究分析，人肉不是鲨鱼的最爱，且人类个头较小，不符合鲨鱼的胃口，而海豹则是它的最爱。虽然这样，依然有鲨鱼攻击人类的事件发生，因此人们应尽量远离海洋或者陆地上那些大型的食肉动物，以免造成难以挽回的后果。

救了瓦努阿图姑娘

1958年1月，一艘驶往马拉库拉岛的机渡船遭遇飓风，船上有一位20岁的瓦努阿图姑娘，被刮到海里去了。她紧紧地抱住一根漂在海上的圆木，在海上漂流了几个小时，疲惫不堪的她不知不觉地睡着了。也不知睡了多久，她睁开眼一看，发现两条5米长的鲨鱼围着自己转来转去。想到自己有可能就要成为鲨鱼的点心了，她害怕得叫了起来，但鲨鱼丝毫没有理会，只是一直围着她。她见鲨鱼并没有伤害她的意思，渐渐地就不那么害怕了，鲨鱼目不转睛地看着她。漆黑的大海，漂流了几个小时的瓦努阿图姑娘感到饿极了。她抓住不知从哪里漂来的一只椰果，却沮丧地发现咬不动。令人不解的事发生了，一条鲨鱼突然钻进海里，不一会儿，一条没有尾巴的鱼送到了瓦努阿图身边，接着，鲨鱼又送来了一颗洋白菜头。为了保持体力她顺手抓住洋白菜头，将它和那条没尾巴的鱼一起吃了下去。这两条鲨鱼一直陪伴在她身边，直到救援人员来到，它们才悄然离去。

救了罗莎琳姑娘

无独有偶，1985 年圣诞节，鲨鱼再次当起了“海上救生员”。佛罗里达州大学的学生罗莎琳和另外两名同学相约到南太平洋斐济群岛旅游。她搭乘的渡轮发生了漏水事故，许多人挤上一艘小救生艇。考虑到救生艇太小，挤上的人太多也不安全，罗莎琳和七八个人跳入海中，向岸边游去。暮色中发现远处有一根黑色的“木头”向她漂过来，她想抓住这块“木头”，但她很快就发现那是一条两三米长的大鲨鱼。罗莎琳害怕得哭泣起来。但奇怪的是，鲨鱼并没有咬她，只是用牙齿撕碎了她的救生衣，然后就开始围着她团团转，还用尾巴梢去扫她的背，像在安慰她一样。不一会儿，又一条鲨鱼出现了，开始也是在她周围上蹿下跳，还潜下水把罗莎琳驼在背上玩耍，两条鲨鱼还和罗莎琳捉迷藏，悄悄潜走又从她身体下突然冒出来。最后两条鲨鱼竟一边一个地把她夹在中间，并用头推着她前进。天亮时，她又发现周围有四五条不怀好意的鲨鱼，每当这些鲨鱼冲过时，这两条鲨鱼就会像两个“保镖”一样，冲出去把其他鲨鱼赶走，直到罗莎琳被救援的直升机救走，两条救命的鲨鱼才悄悄地消失得无影无踪了。

罗莎琳事后得知，这一带是鲨鱼出没的海域，跟她一起跳下水的其他人早已葬身鱼腹。鲨鱼是人类在水中最可怕的敌人，竟然两次搭救落水姑娘，并保护她们免受伤害，这两位姑娘离奇的遭遇给我们留下了一连串难以解答的谜团。

鲨鱼的英雄救美或许是一种巧合，抑或是瓦努阿图和罗莎琳与鲨鱼有着千丝万缕的联系，不管怎样她们俩能够平安，都是一件天大的幸事。

我国三亚市西崖城镇的鳌山，有一个富有传奇的故事。明代崖州崖城的水南小蛋村，有一个儒生叫王邦相，他乘搭商船从崖州湾港门港前往海口参加科考应试。不料船驶到大海，发现有鲨鱼群翻波作浪，大有船沉人危之势。搭船的几十个客人乱作一团，非常害怕。为了保命，船上的人都各自往鲨鱼群扔下自己的手巾、衣物。其中有一条鲨鱼叼了王邦相的手巾。哪知道，王邦相真的跳下海去，这鲨鱼立即闯来把他背起，一直背到鳌山头的麓下这个小洞天的沙滩上。

后来，浪大船沉，船上无一幸存者。救王邦相的鲨鱼离水而死，王邦相得救。

为感念这鲨鱼的恩义，王邦相把它埋在鳌山脚下的小洞天旁边，筑石成坟墓。墓前立碑刻有“鲨恩公之墓”五个大字。年年春秋三祭，王邦相都带妻子儿女亲临祭拜。往后，王邦相应试考中，逢人诉说，鲨鱼是他的救命恩人。王邦相逝世时留下遗嘱让家人把他安葬在鲨鱼墓旁，并嘱咐王家后裔，要把鲨鱼当神灵崇拜，而且尊为“恩公”孝奉，世代戒食鲨鱼。由于大鲨鱼类似鳌鱼有救人的趣闻，后来人们为了纪念，又给南山另名鳌山，双名共存，直到现在。

海洋中的神秘水怪

海洋巨蟒之谜

在海洋中有各种各样的神秘事物，海洋巨蟒就是其中的一种，它虽然形似巨蟒，但人们也无法确认它到底是什么物种。

▲［泰坦巨蟒复原图］

泰坦巨蟒的学名叫作 Titanoboa，意即“极大的蟒蛇”，是一种生活在古新世（约 6000 万—5800 万年前）的无毒、肉食性蛇属。已知的唯一一种塞雷洪泰坦巨蟒也是已知最大的蛇。把它石化的脊椎骨与现代蛇比较，研究人员估计其全长 13 米，体重超过 1100 千克，身体最粗处厚达 1 米。

说到巨蟒大家一定会想到蛇的一种，蟒，本义就是巨蛇。但是本文所说的蟒，却是不确定的一种物种，它只是具备了蛇的外形而已，虽然目击者不少，但是却没有人能确定它就是蟒蛇。

“莫依伽海拉”号杀死了巨蟒

1851 年 1 月 13 日，美国捕鲸船“莫依伽海拉”号在南太平洋马克萨斯群岛附近海面航行时发现了一条巨蟒，身长足足有 31 米，颈部粗 5.7 米，身体最粗部分达 15 米。它的头呈扁平状，有皱褶。尖尾巴，背部黑色，腹部暗褐色，中央有一条细细的白色花纹，犹如一条大船在海中游弋。

在船长希巴里带领下，船员们冒着生命危险，与巨蟒进行着殊死搏斗。最后巨蟒寡不敌众，力竭而死。

希巴里船长把巨蟒的头部切下，其余部分榨油，竟榨出 10 桶水一样透明的油！但是，遗憾的是“莫依伽海拉”号在返航时遇难，下落不明。

最早关于泰坦巨蟒的记载是在 1638 年，在美国新英格兰海岸附近格洛斯特港口有巨蟒游荡的传闻。人们说它的脑袋像是响尾蛇的脑袋，但要大得多，看起来有马的脑袋那么大，它的身体要比脑袋更粗，呈油亮的黑褐色，但喉咙下面是白色的，身体很长，没有任何爪子或鳍之类的分支。它游动起来，身体会有多个隆起，就像地面上的蛇一样，身体会摆动弯曲，但蛇的摆动弯曲是水平的，而这个怪物却是上下摆动弯曲。它有时直线游动，有时会在水中转圈。

17 世纪时这片海域充满了大量鱼类，因此这里的渔民和水手很多，泰坦巨蟒在这儿出没的事件时有发生。

格洛斯特港的海面上目击海洋巨蟒

1817 年 8 月，人们在美国马萨诸塞州格洛斯特港的海面上曾目击到海洋巨蟒。当时的船长阿连叙述：“当时有一条像海洋巨蟒似的家伙在离港口 130 米左右的地方游弋。这个怪兽长 40 米，身体粗得像半个啤酒桶，整个身子呈暗褐色。头部像响尾蛇，大小同马头。它在水面上缓慢地游动着，一会儿绕圈游，一会儿直游。巨蟒消失时，笔直钻进海底，过了一会儿又从约 180 米远的海面上出现。”

1875 年，一艘英国货船在洛克海角发现巨蟒，当时它正与一条鲸搏斗。

1877 年，一艘游艇在格洛斯特发现巨蟒，在距艇 200 米的前方水中作回旋游弋。

1905 年，汽船“波罗哈拉”号在巴西海湾航行时，发现巨蟒正与船只并驾齐驱，不一会儿，如潜水艇般下沉，在海中消失。

1910 年，在洛答里海角，一艘英国拖网船发现巨蟒，它正抬起镰刀状的头部，朝船只袭来。1936 年，在哥斯达黎加海面上航行的定期班船上，有 8 名旅客和 2 名水手目击巨蟒。

1948 年，一艘在肖路兹群岛海面上航行的游览船上，有 4 名游客发现身长 30 余米，背上长有好几个瘤状物的巨蟒。

“迪达尔斯”号发现巨蟒

1848 年 8 月 6 日，英国巡洋舰“迪达尔斯”号从印度返回英国的途中，在非洲南部约 500 千米以西海面上遇到了巨蟒。巨蟒当时昂起头，露出水面的身体部分长 20 余米，在距离军舰 200 米左右的地方。舰长把目睹的一切详细地记载在航海日志上，回到英国后，他把亲眼所见的怪兽的画像交给了海军司令部。

类似的目击事件不胜枚举，有许多人目睹过海洋巨蟒，也引起了各种猜测，有人说那就是一条巨型蟒蛇，有人说可能是史前生物恐龙的脖子，也有人说那是一条巨型乌贼的一只脚，但它究竟是何类动物，还是一个谜。

鱼类最长距离的迁徙

海底霸主大白鲨

研究人员认为，海洋中的顶级掠食者大白鲨长途跋涉是为了寻找伴侣受孕，然后返回老家产仔。也有科学家认为大白鲨的长途跋涉主要是为了寻找更多的食物。

大白鲨又称噬人鲨，是最大的食肉鱼类，身长可达6.5米，体重可达3200千克，尾呈新月形，牙大且有锯齿缘，呈三角形，牙长10厘米，是大型进攻性鲨鱼，可以认为是食物链最终极猎食者。

尽管大白鲨频频出现在很多纪录片和电影里，但是人类对这种古老的动物还知之甚少。大白鲨体形庞大，在地球任何温度适宜的海域都会有它的行迹，比如南非、澳大利亚南部、美国加州附近海域。它们天生好胃口，凡是能捕获的食物几乎都能成为它们的美餐。

▲ [《大白鲨》剧照]

大白鲨经常从水中抬起它的头，通过啃咬的方式去探索不熟悉的目标，还会将一切它们感兴趣的东西吞下去，包括肉、骨头、木块，甚至钢笔、玻璃瓶等，其实它只是好奇而已。

至于世界上到底有多少大白鲨，它们能活多长时间之类的问题，恐怕还没人能说得透彻。大白鲨生性倔强，一旦被人类捕获，离开自己广袤的海洋王国就会很快死去，所以到现在人类还从没有真正意义上零距离接触活着的大白鲨。

因为这种海洋霸王腹部通常呈现白色，所以得名“大白鲨”。从进化论的角度来看，数百万年来，大白鲨的身体结构一直都没有变化。

在一般人的印象中，大白鲨似乎是生活在固定浅海海域的动物，但是事实并非如此，科学家们使用先进的GPS卫星定位设备跟踪美国加利福尼亚州附近海域雌性大白鲨的活动踪迹。发现大白鲨会做长距离的迁徙，而且是迁徙距离

大白鲨锋利的牙齿是人们有目共睹的，曾有摄影师拍到一头大白鲨为了吃上海豹肉，牙齿用力过度而断裂，飞出嘴。

世界上最大的大白鲨名叫深蓝，身长达6米左右，体重接近2.3吨，活跃于瓜达卢普岛海域，据说此条大白鲨至少有50岁了，这在鲨鱼界已属高龄。研究人员在做完标记之后，就把这条大白鲨放回了海里，之后它进入了一个象海豹栖息地进行猎食。

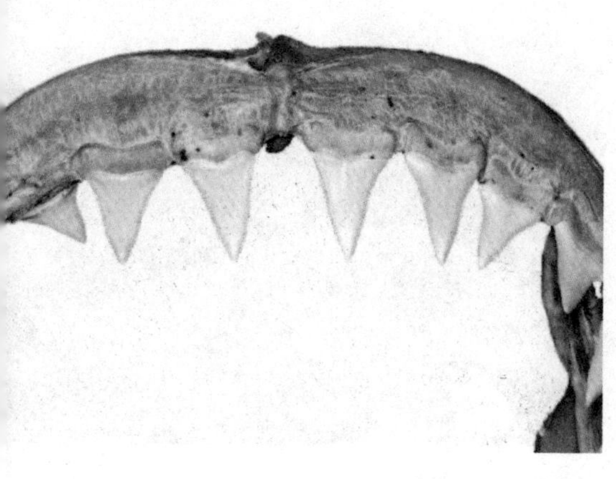

▲ [大白鲨上鳄牙齿]

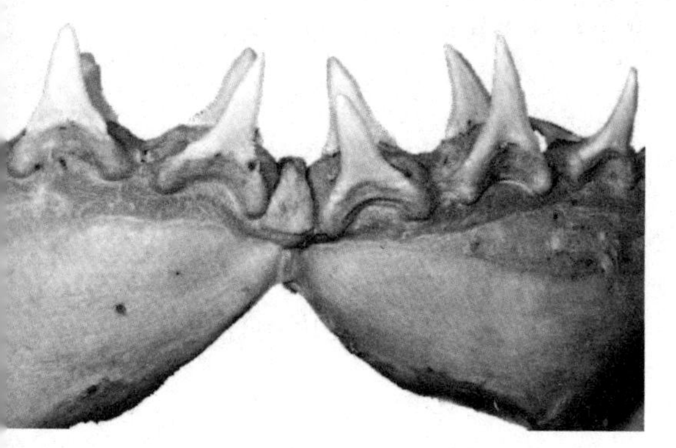

▲ [大白鲨下颚牙齿]

最长的鱼类。

每年1月，太平洋西岸的大白鲨就开始向太平洋中部进发，它们会沿着固定的路线，经过2600千米的迁徙，4月左右，大白鲨们会一直停在距离夏威夷群岛2400千米的太平洋深海海区。直到夏季结束，大白鲨们开始折返，回到太平洋西岸，完成5000多千米的迁徙。

与北半球的亲戚一样，南半球的大白鲨也会进行长距离迁徙，不过其迁徙的距离更为漫长，创造了鱼类迁徙之最。

研究人员曾给一条名叫“妮科尔”的大白鲨装上跟踪器，经过跟踪测量，这条大白鲨在9个月的时间内迁徙距离近2万千米，平均每小时要游4千米，这是鲨鱼横跨海洋的最高纪录。

大白鲨为什么会远距离地迁徙让科学家颇为困惑，当然还有很多关于大白鲨的未解问题，比如大白鲨在千万里的海洋跋涉途中靠什么来定位？浩瀚的海洋中哪些生物会成为它们旅途中的可口点心……

大白鲨上鳄排列着26枚尖牙利齿，在其后还有数排备用牙齿。一旦大白鲨前面的任何一枚牙齿脱落，后面的备用牙就会移到前面补充进来。在任何时候，大白鲨的牙齿都有大约1/3处于更换过程之中。据估计，大白鲨一生之中将丢失并更换成千上万枚牙齿。

“凌空出世”般的飞跃绝技

蝠鲼

第一次见到蝠鲼的人总会因它异形般的外表而惊讶，它很难让人将其与正统的鱼类联想到一起。

蝠鲼又被称为魔鬼鱼或毯魟，属于软骨鱼纲、蝠鲼科，它包含前口蝠鲼属和蝠鲼属两个属，体扁平，有强大的胸鳍，类似翅膀，喜欢在海洋中巡游。

▲［跃出水面的蝠鲼］

蝠鲼硕大的身体能像飞碟一样“飞翔”，不得不让人叹服蝠鲼强健的全身力量和“双翼”（胸鳍）。

蝠鲼是鲨鱼的近亲，主要分布在热带、暖温带海域。因为长得丑，人们给它取了个恐怖的名字“魔鬼鱼”！

不要看蝠鲼长相恐怖，其实它的性格安静而沉稳，喜欢独自在大海中畅游，过着四海为家的流浪生活。而且它们没有任何领地行为和攻击性，从不攻击其他海洋动物，两只蝠鲼相遇时也会若无其事，在遇到潜水者时，常会羞涩地离开。不过，有些好奇心强的蝠鲼会受到氧气瓶呼出的气泡吸引而迎上前来，并喜欢被人类抚摸躯体——这和“魔鬼鱼”的恶名简直判若两人。

蝠鲼最具特色的一个习性就是它那“凌空出世”般的飞跃绝技。蝠鲼为什么要跃出海面呢？科学家对此行为产生过种种猜测，有人说这是雌雄蝠鲼在繁殖季节里演绎的调情游戏；还有人认为这是一种驱赶、诱捕食物的方式；多数人则相信这是一种甩掉身上寄生虫和死皮的自我清洁方式；还有另一种说法认为此行为是雌性蝠鲼生孩子时的独特动作。关于蝠鲼的众多谜团还有待今后的观察和研究。

神奇的自然现象

Miraculous Natural Phenomena

海水的舞蹈

潮汐的形成

潮汐是指海水在天体引潮力作用下所产生的周期性运动，习惯上把海面垂直方向涨落称为潮汐，而海水在水平方向的流动称为潮流。

世界三大潮：恒河大潮；亚马孙大潮；钱塘江大潮。

潮汐是指在月球和太阳引力作用下，海洋水面周期性的涨落现象。在午前的一次海水上涨称为潮，午后的一次叫作汐，总称海洋潮汐。潮汐一般每日涨落两次，也有涨落一次的。海洋潮汐是沿海地区的一种自然现象，习惯上把海面垂直方向涨落称为潮汐，而海水在水平方向的流动称为潮流。外海潮波沿江河上溯，又使得江河下游发生潮汐。

▲ [钱塘江一线潮观潮点]

1912年，世界上最早的潮汐发电站在德国的布斯姆建成。1966年，世界上最大容量的潮汐发电站在法国的朗斯建成。加拿大安纳波利斯潮汐电站、法国朗斯潮汐电站、基斯拉雅潮汐电站是世界三大著名潮汐电站。

潮汐的过程每天都不同，这是因为月球、太阳和地球三者的相对位置不断变化的缘故。不仅它们的距离有变化，而且三者还不在同一个平面上，所以月球和太阳对地球的引潮力，有时互相增

▲ [潮汐发电站]

月球和太阳相对于地球的运动都有周期性，故潮汐也有周期性。

从潮汐过程来看：

当潮位上升到最高点时，称为高潮或满潮；

在此刻前后的一段时间，潮位不升也不降，称此阶段为平潮；

潮位开始降落，当它降到最低点时，称为低潮或干潮；

在此刻前后的一段时间，潮位又不升不降，称此阶段为停潮。

停潮之后，潮位又开始上升。平潮和停潮的时间长短都因地而异。

规定平潮的中间时刻为高潮时，当时的潮位高度为高潮高；

停潮的中间时刻为低潮时，当时的潮位高度为低潮高。

从高潮至低潮的过程，称为落潮。

涨潮阶段的潮差为涨潮差，时间间隔为涨潮时；

落潮阶段的潮差为落潮差，时间间隔为落潮时。

强，有时互相削弱，致使潮高和潮时都随着发生变化。其中比较主要的有半月不等、月不等、赤纬不等和日不等 4 种现象。

任意天体对地球某处的引潮力的大小，与天体的质量成正比，与地心到天体中心的距离的二次方成反比，还与天体到该处的天顶距有关（天顶距越接近90°，引潮力越小）。因此，地球上引潮力的大小和方向都因时因地而异。虽然太阳的质量比月球大得多，但因它离地球更远，结果它的引潮力只有月球的46%。其他天体对地球的引潮力与月球或太阳相比甚小，都可以忽略。由月球的引潮力引起的潮汐，叫作太阴潮；由太阳引潮力引起的，叫作太阳潮。两者都属于天文潮。引潮力不仅产生了海洋潮汐，而且引起固体地球潮汐（地潮）和大气潮汐（气潮）。对海洋来说，地潮在海潮之下，气潮在海潮之上，它们都对海潮产生影响。

潮汐的升降和涨落，与人们的多种活动有密切的关系：船只航行和进港出港、舰艇活动、沿海地区的农业、渔业、盐业、港口建设、大地测量、环境保护等，都必须掌握潮汐变化的规律。此外，利用潮汐进行发电，也是能源开发的一个重要方面。

世界各国都建设了相当数量的潮汐能发电站，我国在 1958 年以来陆续在广东省的顺德和东湾、山东省的乳山、上海市的崇明等地，建立了潮汐能发电站。

海洋的疯狂

天文大、小潮

天文潮是地球上海洋受月球和太阳引潮力作用所产生的潮汐现象。它的高潮和低潮潮位和出现时间具有规律性，可以根据月球、太阳和地球在天体中相互运行的规律进行推算和预报。

天文大潮

天文大潮属正常的天文潮汐现象，它的周期是18.6年，可以提前好几年作出预报。天文大潮在一般情况下不会引发灾害，在某些特定环境下会构成水害，如汛期江河水满时遇到天文大潮顶托造成洪水难以退却；如果天文大潮遇到台风登陆前后会暴发风暴潮；如果江河水位低，海潮上溯范围扩大，咸害程度加重，则形成咸潮。

造成江海大潮的因素有三方面。一是太阳、月球、地球三者排成一条直线（朔）；二是月球与地球相距最近；三是地球运行到距离太阳较近的位置。

▲ [天文大潮]

天文小潮

在了解了大潮之后，小潮就好理解了。当太阳、地球和月球这三个处于一个直角关系的时候，月相表现为上弦（初七，半月，西方亮）或下弦（二十二，半月，东方亮）的时候，引潮力和离心力最小，为小潮。

天文大潮是指太阳和月亮的引潮合力的最大时期（即朔和望时）之潮。由于海洋的滞后作用，海潮的天文大潮一般在朔日和望日之后一天半左右，即农历的初二、初三和十七、十八日左右。世界最大的天文大潮奇观是浙江的钱塘江大潮。

天文潮的利用

天文潮汐是一种自然现象，不仅对发电、捕鱼、产盐及发展航运、海洋生物养殖产生影响，而且对军事行动也有重要影响。

1661 年 4 月，郑成功率领 2.5 万名将士攻打被荷兰人占领的我国台湾。月底时，天文潮出现，郑成功的大军从鹿耳门水道进入，该水道水浅礁多，航道不仅狭窄且有荷军凿沉的破船堵塞，所以荷军此处设防薄弱。郑家军趁着涨潮时航道变宽且加深，攻其不备，顺流迅速通过鹿耳门，在禾寮港登陆，直奔赤嵌城，一举登陆成功。

天文大潮的特点：一是潮差大。潮差是指相邻的最高潮位与最低潮位之差。

二是潮位低。当最低潮位来临时，大河退水小河干，一些小河流将会干涸见底。

三是咸潮盛。同样是天文大潮，枯水期（冬季）比丰水期（夏季）氯化物（盐度）含量高。

2014 年第 15 号台风“海鸥”登陆海南时恰逢天文大潮，并接近高潮，当时天文潮 2.32 米，同时台风“海鸥”产生最大增水达 2.05 米，两者相遇产生历史最高潮水位达 4.37 米，超过警戒水位 1.47 米，创海口市 1948 年以来最高潮水位。

▲ [天文潮冲击礁石]

神奇的自然现象

海洋怪兽

台风

台风就像在流动江河中前进的涡旋一样，一边绕着自己的中心急速旋转，一边随周围大气向前移动。

台风的前身热带气旋是发生在热带或副热带洋面上的低压涡旋，是一种强大而深厚的热带天气系统。在北半球热带气旋中的气流绕着中心以逆时针方向旋转，在南半球则相反，而这种情况的出现主要是受地球自转所产生的科氏力（北半球行动的物体向右偏，南半球行动的物体向左偏）影响。热带气旋的生命期平均为一周左右，短的只有2～3天，最长可达一个月左右。热带气旋的生成和发展需要巨大的能量，因此它形成于高温、高湿和其他气象条件适宜的热带洋面。热带气旋是大气循环其中一个组成部分，能够将热能及地球自转的角动量由赤道地区带往较高纬度。

当热带气旋登陆或北移到较高纬度的海域时，因失去了其赖以生存的高温高湿条件，会很快消亡。大量的热带气旋生成于赤道辐合带中，赤道辐合带的北侧是强大的副热带高压。热带气旋的移动主要受副热带高压南侧的偏东气流引导，向偏西方向移动，这类热带气旋常会在我国东南沿海至越南沿海登陆。有时副热带高压位置偏东，当热带气旋移动到副热带高压西缘时，受那里的偏南或西南气流引导，热带气旋会转向偏北或东北方向移动，登陆我国鲁辽沿海或朝鲜、日本，甚至在日本以东洋面上北上。

在我国沿海地区，几乎每年夏秋两季都会或多或少地遭受台风的侵袭，因此而遭受的生命财产损失也不小。作为一种灾害性天气，可以说，提起台风，没有人会对它表示好感。然而，科学研究发现，台风除了给登陆地区带来暴风雨等严重灾害外，也有一定的好处：

台风，亦称飓风，是形成于热带或副热带海面温度在26℃以上的广阔海面上的热带气旋。

在古代，人们把台风叫飓风，到了明末清初才开始使用“飚风”（1956年，飚风简化为台风）这一名称，飓风的意义就转为寒潮大风或非台风性大风的统称。

台风在欧洲、北美一带称“飓风”，在东亚、东南亚一带称为“台风”；
在孟加拉湾地区被称作“气旋性风暴”；
在南半球则称“气旋”。

根据国际惯例，依据台风中心附近最大风力分为：热带低压，最大风速 6 ~ 7 级，（10.8 ~ 17.1 米 / 秒）；热带风暴，最大风速 8 ~ 9 级，（17.2 ~ 24.4 米 / 秒）；强热带风暴，最大风速 10 ~ 11 级，（24.5 ~ 32.6 米 / 秒）；台风，最大风速 12 ~ 13 级，（32.7 ~ 41.4 米 / 秒）；强台风，最大风速 14 ~ 15 级（41.5 ~ 50.9 米 / 秒）；超强台风，最大风速≥ 16 级（≥ 51.0 米 / 秒）。

其一，台风为人们带来了丰沛的淡水。其二，靠近赤道的热带、亚热带地区受日照时间最长，干热难忍，如果没有台风来驱散这些地区的热量，那里将会更热，地表沙荒将更加严重。同时寒带将会更冷，温带将会消失。我国将没有昆明这样的春城，也没有四季常青的广州，“北大仓”、内蒙古草原亦将不复存在。其三，台风最高时速可达 200 千米以上，所到之处，摧枯拉朽。这巨大的能量可以直接给人类造成灾难，但也全凭着这巨大的能量流动使地球保持着热平衡，使人类安居乐业，生生不息。其四，台风还能增加捕鱼产量。每当台风吹袭时翻江倒海，将江海底部的营养物质卷上来，鱼饵增多，吸引鱼群在水面附近聚集，渔获量自然提高。

台风对于增加降雨量、调剂地球热量、维持热平衡更是功不可没，众所周知热带地区由于接收的太阳辐射热量最多，因此气候也最为炎热，而寒带地区正好相反。由于台风的活动，热带地区的热量被驱散到高纬度地区，从而使寒带地区的热量得到补偿，如果没有台风就会造成热带地区气候越来越炎热，而寒带地区越来越寒冷，自然地球上温带也就不复存在了，众多的植物和动物也会因难以适应而将出现灭绝，那将是一种非常可怕的情景。

▲ [忽必烈画像]

1274 年，忽必烈命令大小战船 900 多艘，跨海远征日本。因人手太少，没能攻下。7 年之后重新攻打日本，聚集了 9000 艘战船，在行军途中遭遇台风，导致战船一半以上损毁，死伤无数，二三万人被俘，其中蒙古人、高丽人、汉军士兵全部被杀。

关于“台风”命名的来历，有两类说法。

第一类是“转音说”，包括三种：

一是由广东话“大风”演变而来；

二是由闽南话“风筛”演变而来；

三是荷兰人占领台湾期间根据希腊史诗《神权史》中的人物泰丰（Typhoon）而命名。

第二类是“源地说”，也就是根据台风的来源地赋予其名称。由于台湾位于太平洋和南海大部分台风北上的路径要冲，很多台风是穿过台湾海峡进入大陆的，因此而得名。

海中的淡水湖

波罗的海

波罗的海是世界上盐度最低的海域，这是因为其形成时间不长，它是由冰河时期结束后冰川退去留下的低洼谷地形成的，水质较好。

世界海水平均含盐度为 3.5%，而欧洲的波罗的海却远远不及，其海水含盐度只有 0.7% ~ 0.8%，有记录的最高含盐量海面为 1%。海底为 1.5%。

波罗的海的气候特点是年降水量大于年蒸发量。其北部海区年均降水量约 500 毫米，南部地区超过 600 毫米。个别海域可达 1000 毫米，而海区年均蒸发量只有 350 ~ 400 毫米。同时，海区周围又有大小 250 条河流注入大量淡水，结果大大淡化了海水的盐度，使其成为世界海水含盐度最低的海。

由于海域内水量收入大于支出，使波罗的海水位高于北海，造成波罗的海盐度较小的海水从表层经过海峡流入北海，而北海盐度较大的海水从底层经海峡流入波罗的海，而且流出量大于流入量，以维持波罗的海水量的动态平衡。

波罗的海是欧洲北部内海，位于斯堪的纳维亚半岛、日德兰半岛和欧洲大陆之间，近于封闭。仅西部经厄勒海峡、卡特加特和斯卡格拉克海峡与北海相通。面积约 42 万平方千米，平均深度 86 米，最大深度 459 米。

▲ [波罗的海海水和淡水分界线]

波罗的海是世界上盐度最低的海。波罗的海得名于从波兰什切青到的雷维尔的波罗的山脉，波罗的海被西欧各国（如英国，丹麦，德国，荷兰等）称之为东海，而被东欧的爱沙尼亚称为“Läauml nemeri”，亦即西海之意。

波罗的海潮汐为不正规的半日潮、不正规全日潮和正规全日潮，潮差变化不大，只有 4 ~ 10 厘米。

波罗的海是沿岸国家之间以及通往北海和北大西洋的重要水域，并通过白海——波罗的海运河与白海相通，通过伏尔加河——波罗的海列宁水道与伏尔加河相连。沿岸较大港口有圣彼得堡、斯德哥尔摩、罗斯托克、什切青和格但斯克。

◀ [波罗的海琥珀]

波罗的海有世界最大的琥珀加工厂和集散地。

全球性的气候反常

厄尔尼诺现象

厄尔尼诺现象使海洋表面温度升高，热带太平洋海表热力异常，干扰了地球大气的正常环流，导致全球气候异常，自然灾害频繁。人们最初以为厄尔尼诺现象只是个“小捣蛋”，但随着研究的深入，人们不得不承认它其实是个“大麻烦”，许多灾害都由它引发。

厄尔尼诺分为厄尔尼诺现象和厄尔尼诺事件。厄尔尼诺现象（El Niño Phenomenon）又称厄尔尼诺海流，是太平洋赤道带大范围内海洋和大气相互作用后失去平衡而产生的一种气候现象。

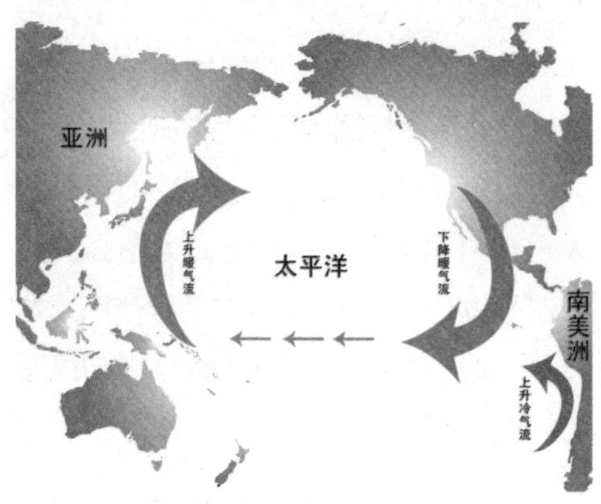

▲ [没有厄尔尼诺现象的年份]

▲ [有厄尔尼诺现象的年份]

正常情况下，热带太平洋区域的季风洋流是从美洲走向亚洲，使太平洋表面保持温暖，给印度尼西亚周围带来热带降雨。但这种模式每 2 ～ 7 年被打乱一次，使风向和洋流发生逆转，太平洋表层的热流就转而向东走向美洲，即带走了热带降雨。这种状态要维持 3 个月以上，滑动平均值达到 0.5℃以上，才认定是真正发生了厄尔尼诺事件。

由于太平洋是一个控制大气运动的巨大热源和水汽源，因此厄尔尼诺现象的发生将引起全球气候异常。

当南半球赤道附近吹的东南信风减弱后，太平洋地区的冷水上泛会减少或停止，从而形成大范围海水温度异常增暖，传统赤道洋流和大气环流发生异常，

“厄尔尼诺”是西班牙语的译音，原意是“神童”或“圣明之子”。相传，很久以前，居住在秘鲁和厄瓜多尔海岸一带的古印第安人，很注意海洋与天气的关系。他们发现，如果在圣诞节前后，附近的海水比往常格外温暖，不久便会天降大雨，并伴有海鸟结队迁徙等怪现象发生。古印第安人出于迷信，称这种反常的温暖潮流为“神童”潮流，即“厄尔尼诺”潮流。

◀ [光绪年间罕见大旱的罪魁祸首是强厄尔尼诺现象]

光绪年间外国传教士在华所办的《万国公报》上载文有云："天祸晋豫，一年不雨，二年不雨，三年不雨，水泉枯，岁洊饥，无禾无麦，无粱菽黍稷，无蔬无果。"

那场灾荒的严重程度是百年不遇的，而高峰年份是在干支纪年法的丁丑、戊寅年（光绪三、四年，1877 年、1878 年），所以历史上通常称作"丁戊奇荒"。有专家研究揭示，当时就有全球气候异常的背景，出现强厄尔尼诺现象（指东太平洋赤道地区海水变暖的现象），亚洲地区的季风显著减弱，使季风雨带的推进过程和降水特征发生变异，造成了我国北方地区出现了严重干旱。

导致太平洋沿岸一些地区迎来反常降水，另一些地方则干旱严重。

在正常状况下，北半球赤道附近吹东北信风，南半球赤道附近吹东南信风。信风带动海水自东向西流动，分别形成北赤道暖流和南赤道暖流。从赤道东太平洋流出的海水，靠下层上升涌流补充，从而使这一地区下层冷水上泛，水温低于四周，形成东西部海温差。

但是，一旦东南信风减弱，就会造成太平洋地区的冷水上泛减少或停止，海水温度就升高，形成大范围的海水温度异常增暖。而突然增强的这股暖流沿着厄瓜多尔海岸南侵，使海水温度剧升，冷水鱼群因而大量死亡，海鸟因找不到食物而纷纷离去，渔场顿时失去生机，使沿岸国家遭到巨大损失。

也有学者研究发现，地球自转减慢可能是形成厄尔尼诺现象的主要原因。自 20 世纪 50 年代以来，地球自转速度破坏了过去 10 年尺度的平均加速度分布，一反常态呈 4 ~ 5 年的波动变化，一些较强的厄尔尼诺年平均发生在地球自转速度发生重大转折年里，特别是自转变慢的年份。地转速率短期变化与赤道东太平洋海温变化呈反相关，即地转速率短期加速时，赤道东太平洋海温降低；反之，地转速率短期减慢时，赤道东太平洋海温升高。这表明，当地球自转减速时，"刹车效应"使赤道带大气和海水获得一个向东惯性，赤道洋流和信风减弱，西太平洋暖水向东流动，东太平洋冷水上翻受阻，因暖水堆积而发生海水增温、海面抬高的厄尔尼诺现象。

厄尔尼诺现象有时也会反促成西北太平洋台风数目偏少，但威力超强的特殊情形发生。如 1998 年太平洋台风季的台风"谢柏"以及 2010 年太平洋台风季的超强台风"鲇鱼"。

1982 年 4 月至 1983 年 7 月的厄尔尼诺现象，是几个世纪以来最严重的一次，太平洋东部至中部水面温度比正常高出 4 ~ 5℃，造成全世界 1300 ~ 1500 人丧生，经济损失近百亿美元。

1986 年至 1987 年的厄尔尼诺现象，使赤道中、东太平洋海水表面水温比常年平均温度偏高 2℃左右；同时，热带地区的大气环流也相应地出现异常，热带及其他地区的天气出现异常变化；南美洲的秘鲁北部、中部地区暴雨成灾；哥伦比亚境内的亚马孙河河水猛涨，造成河堤多次决口；巴西东北部少雨干旱，西部地区炎热；澳大利亚东部及沿海地区雨水明显减少；我国华南地区、南亚至非洲北部大范围地区均少雨干旱。

加勒比海中的诡秘

重现消失 36 年的热气球

消失多年后又突然出现，自己还以为只过了一瞬间的情形，人们也只在电影里看过，但是这种情形在现实中也是真实存在的，比如加勒比海上消失了 36 年又出现的热气球。

加勒比海是位于西半球热带大西洋海域的一个海，西部与西南部是墨西哥的尤卡坦半岛和中美洲诸国，北部是大安的列斯群岛，包括古巴，东部是小安的列斯群岛，南部则是南美洲。

在加勒比海有比海盗更让人琢磨不透的事件，那就是消失了 36 年的气球重现海面。

1954 年，驾驶员夏里・罗根和戴历・诺顿驾驶气球和其他 50 个参赛者在

◀ [《加勒比海盗》电影剧照]

17 世纪加勒比海成为海盗的天堂。许多海盗甚至是由他们本国国王授权的，加勒比海上的众多小岛为他们提供了良好的躲藏地，而西班牙运送珠宝的舰队是他们的主要攻击对象。

加勒比海参加气球越洋比赛。当时天气晴朗，视野清晰。突然，这个气球一下子莫名其妙地消失了。

1990 年，消失多年后的气球又突然在古巴与北美海面上出现。

它的出现使古巴和美国政府大为紧张，古巴飞机驾驶员真米·艾捷度少校说："一分钟前天空还什么也没有，一分钟后那里便多了一个气球。"气球最后被古巴飞机迫降在海上，两名驾驶员由一艘巡洋舰救起，送到古巴一个秘密海军基地受审。

这两个驾驶员说他们当时正在参加由夏湾拿到波多黎各的一项气球比赛。他们不知道时间已经过去了 36 年，他们只是感到全身有一种轻微的刺痛感觉，就好像是微弱电流流过全身一样。

芝加哥调查员卡尔·戈尔曾查证过罗根与诺顿的讲话，他们确实在 1954 年参加一项气球比赛途中神奇地失踪，戈尔认为这个气球进入了时间隧道。"对他们来说可能只是一瞬间，可在地球上却已过去了 36 年，相差很大。"认为这是比地球时间慢的一条神奇隧道。

类似上述的案例还可以列举许多，其共同点就是失踪者再现时时间变慢。但是也有失踪者感到时间变快的案例。

▲ [消失的气球]

▲ [加勒比海底惊现消失的亚特兰蒂斯城]

据英国《每日邮报》报道，一群海底考古学家声称在加勒比海发现传说中神秘消失的亚特兰蒂斯城。

海洋喷泉

海底淡水喷泉

科学家们在世界各地海底发现了约50万立方千米的低盐度水，他们认为这一发现可能为解决世界水资源短缺危机提供了机遇。

地球的表面70%是水，但可供人使用的淡水却不是很多，随着人口的增长，环境污染的加剧，淡水资源日趋紧张，于是科学家把目光转向了海洋。

几十万年前，有些海底还是一片陆地，陆地上众多的河流和星罗棋布的湖泊为形成地下含水层创造了有利条件，所以有些海底仍储存有淡水资源。

经过科学考察后，科学家们在海底发现有甘甜的淡水，而且数量惊人。这些“淡水井”的海底都有一口喷泉，能够源源不断地喷出一股强大的淡水流，当喷出的淡水顶开海水占据了一定的位置以后，就形成了一个同周围海水完全不同的淡水区。

径直涌入海洋的地下水大多以泉的形式出现于世界许多近岸地区，如美国佛罗里达两岸、环太平洋的多个地区等、我国大连湾的“金石龙眼”泉等。有些海泉淡水量大到可以满足当地人的用水需求。

目前我国海底淡水主要集中在大型

在美国佛罗里达半岛以东，离海岸不远的大西洋里，有一片海水是可以饮用的，过往的船只常常来这里补充淡水。这里是世界知名的海洋淡水。

◀ [大连湾金石龙眼]
传说恐龙探海下面隐藏有一个淡水泉眼，与天上银河相连，饮其水可以延年益寿，谓之金石龙眼。

◀ [海底喷泉]

早在20世纪80年代末90年代初，就有专家到嵊泗县，根据长江三角洲地区古地理位置及水文地质特征，推断嵊泗海域可能存在长江古河道，海底蕴藏着丰富的淡水资源，可以开发作为岛上居民生活用水。

海底淡水储备的形成始于数十万年前。那时海平面远比现在低，雨水得以渗入海床以下。海平面升高后，位于海床下的蓄水层因覆盖层层黏土和沉积物而保存完好。

河口地区、沿海多个海滩区。根据资料对珠江河口初步估计后的数据显示，该河口海底淡水资源的储量在12亿～16亿立方米之间，天然补给量可达每年40万立方米，一经开采，水力梯度增大而引起的开发补给量可达每年80万立方米。

▲ [银币上的腓尼基人战船]

在2万年前，海平面比今天要低120米。草原与山上的泉水不断流淌，随着海平面的上升，淡水虽然被淹没在海面以下，但是这些水源仍在那里。腓尼基人采用这样的一种取水系统：他们在水源上面安装转动的水车，并通过皮管将淡水引上岸边，供大家使用。

海底淡水资源的生成、聚集和保存需要一定的地质条件。原生的地表淡水需运移、过滤、储存到海底之下有一定保护作用的盖层地区才能保存。而新生代近岸区海平面相对于陆棚边缘的频繁升降变化，正好为河口海底淡水的形成创造了良好的“生、运、滤、储、盖”组合条件。

海底淡水从何处来，各国科学家经过艰辛探索，提出了不少理论，主要有渗透理论、凝聚理论、岩浆理论、沉降理论等。不管哪一种理论更符合实际，但在海底有藏量丰富的淡水，这是不争的事实。科学家们设想，有朝一日在海上建成淡水厂，用钻机像钻石油一样钻淡水。人们期待这一日尽快到来。

海洋消失的旷古之谜

特提斯海

1885 年，德国学者 M·诺伊迈尔提出在中生代存在一个东西向赤道海洋的设想，到了 1893 年，奥地利学者 E·修斯将其改名为特提斯，认为现代的地中海地区是特提斯海的残留海域。

▲［特提斯海学说提出者——E·修斯］

特提斯是希腊神话里的大洋神的妻子，奥地利地质学家 E·修斯用这个名字来称呼一个古海洋。

地质学家在喜马拉雅山北麓，沿雅鲁藏布江发现了断断续续分布着的蛇绿岩套，这是特提斯洋曾经存在过的唯一证据。

特提斯海是位于北方劳亚古陆和南方冈瓦纳古陆间长期存在的古海洋。自 19 世纪板块构造学说提出以后，将南北两大陆间的海洋及其两侧大陆边缘不同深度的海域称为特提斯海。

德国气象学家魏格纳无意间看到世界地图时发现：大西洋西岸的巴西东端呈直角的凸出部分，与东岸非洲几内亚湾的凹进去的部分，一边像是多了一块，一边像是少了一块，正好能合拢起来，再进一步对照地图发现，巴西海岸几乎都有凹进去的部分相对应。按照这样的板块构造理论，在很久以前，特提斯海的最大面积是南部越过赤道一直扩张至北方劳亚古陆的边缘。后来，经过美洲板块的移动，大西洋进一步扩大，印度板块离亚洲板块越来越近，特提斯海的面积被压缩到只剩一沟海槽，随着印度板块插入欧亚板块之间，特提斯海彻底消失，在其位置崛起了青藏高原，成为世界屋脊，谁会想到世界最高的喜马拉雅山以前曾是大海呢？

相信此学说的人，积极地寻找各种证明，以证明特提斯海的存在历史，但真相是否真的如此呢？

不过，在地球 46 亿年的岁月中，多少分分合合不断上演，哥伦比亚大陆、罗迪尼亚大陆、潘吉亚大陆，一个个超大陆的形成，然后裂解，再拼合……循环往复，不知疲倦。特提斯海的消失，除了给人们留下无法解释的现象外，或许就是历史变迁中小小的一幕而已。

洋中“巨河”

黑潮

黑潮将来自热带的温暖海水带往寒冷的北极海域，将冰冷的极地海水温暖成适合生命生存的温度。黑潮得名于其较其他正常海水的颜色深，这是由于黑潮内所含的杂质较少，阳光穿透过水的表面后，较少被反射回水面。

▲ [黑潮（日本暖流）]

黑潮又叫“日本暖流”，是太平洋北赤道洋流遇大陆后的向北分支，是太平洋洋流的一环，为全球第二大洋流，只居于墨西哥湾暖流之后。

黑潮是北赤道暖流在菲律宾群岛东部向北偏转而形成的。它的主流沿台湾岛的东岸、琉球群岛的西侧向北、直达日本群岛的东岸，在北纬 40° 附近与千岛寒流相遇，在西风吹送下，再折向东，成为北太平洋暖流。其特点是高温、高盐、水色高、透明度大。

黑潮的速度为 1 ~ 2 米 / 秒，厚度在 500 ~ 1000 米，宽度 200 多千米。在日本四国的潮岬外海测得海水流量达 6500 万立方米 / 秒，约是世界流量最大的亚马孙河流量的 360 倍。黑潮年平均水温为 24 ~ 26℃，冬季为 18 ~ 24℃，夏季可达 22 ~ 30℃。黑潮水温也较邻近的黄海高 7 ~ 10℃，冬季更可高出 20℃。黑潮的主流并非沿着东亚大陆边缘流动，而是沿着东亚岛弧流动，因此，黑潮对岛弧的影响也较大陆显著，黑潮的支流延伸进入东亚大陆的边缘海，也对大陆区域造成一定影响。

曲折的海峡

麦哲伦海峡

在南美大陆和火地岛之间，有一条十分迂回曲折的海峡，大西洋和太平洋被分隔在这条海峡的两边。因葡萄牙航海家麦哲伦于1520年首次通过该海峡进入太平洋而得名。

◀［麦哲伦海峡航行］
麦哲伦海峡风大流急，航行困难，海峡内寒冷多雾，并多大风暴，是世界上风浪最猛烈的水域之一，不利于航行，一直是人迹罕至的水域之一。

麦哲伦经过一个多月的艰难航程，驶出这条无名的海峡，进入风平浪静的太平洋，为第一次环球航行开辟了胜利的航道，后人为了纪念麦哲伦对航海事业作出的贡献，把这段海峡称为麦哲伦海峡。

麦哲伦海峡全长592千米，宽窄悬殊，深浅差别也很大。最宽的地方有33千米，最狭处仅3千米左右；最深处在1千米以上，最浅的地方只有20米。两侧岩岸陡峭、高耸入云，每到冬季，巨大冰川悬挂在岩壁上，景象十分壮观，每逢崩落的冰块掉入海中，就会发出雷鸣般的巨响并威胁船只航行。由于海峡处在南纬50多度的西风带，强劲而饱含水汽的西风不仅给海峡地区带来低温、多雨和浓雾，而且造成大风、急浪，是世界闻名的猛烈风浪海峡，不利于航运发展。在巴拿马运河开通前，是南大西洋和南太平洋间的重要航道。当年麦哲伦率领船队在海峡航行时，夜晚曾见南边岛屿上升起一个个火柱。这是印第安人点燃的烽火，因此这个岛屿也就被称为“火地岛”。火地岛是海峡南边的最大岛屿，面积为4.8万平方千米，东部属阿根廷，西部属智利。

麦哲伦海峡的一些港湾可停泊大型舰只。因为航道曲折艰险，自从巴拿马运河通航后，来往于大西洋和太平洋之间的船只一般不再经过这里。

孕育生命的化学花园

海底死亡冰柱

死亡冰柱能够杀死沿途接触到的一切生物，它由下沉的盐水形成，由于盐水温度极低，导致周围海水迅速冻结，吞噬周边所有生命。

死亡冰柱是一种在地球两极的海底发生的自然现象。

可怕的死亡冰柱

科学家研究发现，海底冰柱形成的原因是海面下的海水中的盐分由于低温被析出后，这部分海水的盐分消失或减少，导致海水被凝结，并不断向海底延

死亡冰柱生命的起源说

有科学家认为，地球最初的生命形式不是起源于温暖的海水，可能来自海冰。海底冰柱（又被称为海洋石笋）的形成过程，可能产生地球第一种生命诞生的条件。当海底冰柱在极地海洋中向下延伸，海冰结冻将产生脱盐等净化杂质的效应。海冰的脱盐净化过程可提供地球最初生命孕育的条件，这种情况也可能存在于宇宙其他星球。

伸蔓延。巨大的冰柱不仅会冻死部分海底生物，也会威胁到正常潜水航行的潜水器。特别在布雷区，水雷接触到冰柱会引起爆炸。

没有人知道形成冰柱的速度到底有多快

科学家最初发现海底冰柱的时间是20世纪60年代，2011年在英国广播公司纪录片《冰冻星球》中首次拍摄。摄制组采用定时自动间隔拍摄技术，沉入海底拍摄到了“死亡冰柱”，这个“死亡冰柱”在拍摄过程中迅速增大，景象令摄制组感到吃惊。由于其密度远高于海水，盐水迅速下沉，周围的海水遇到盐水后快速冻结，此时的冰柱更像是一个海绵，而不是普通的冰。英国广播公司的摄影师休·米勒和道哥·安德森拍摄了这段录像，当时的水下温度只有 −2℃。米勒表示：“我们是在与时间赛跑，下沉的冰柱在眼前迅速增大，因为没有人知道形成冰柱的速度到底有多快。”

当温度降低到一定程度后（一般为零下几十摄氏度），海水里面的盐分被析出，因而海水发生结冰的现象，并且呈柱状向海底延伸。冰柱所到之处海洋生物都被冻死，所以被称为死亡冰柱。

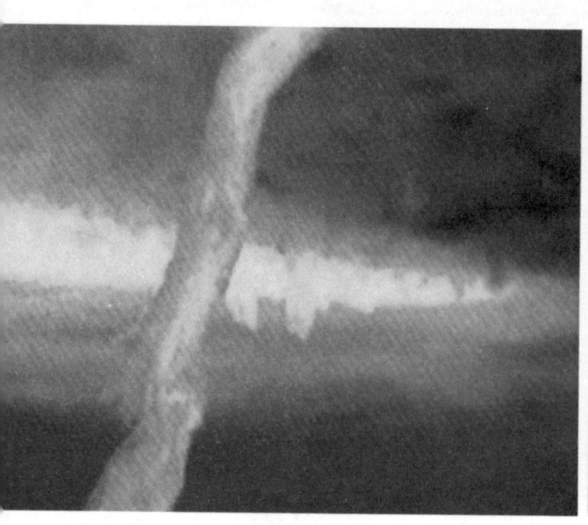

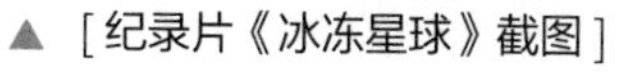

▲ [纪录片《冰冻星球》截图]

地球上最长的浪

神秘而野蛮的“波波罗卡”

波波罗卡的冲击力非常强，能够摧毁挡在前面的一切，包括树木、房屋和各种动物。它也成为冲浪爱好者们挑战极限的选择。

▲ [地球上最长的波浪“波波罗卡”]

pororoca 冲浪，是冲浪爱好者们挑战极限的选择，由于水中含有大量的杂物垃圾（常常是整棵树木）这使在 pororoca 冲浪的难度和危险性都非同一般。

在亚马孙河与大西洋交接处，每逢2月到3月间，由于大西洋洋流带动亚马孙河，形成世界上最大的波浪，这种现象被称为“南亚马孙河的河口高潮”，也形成了地球上最长的波浪“波波罗卡”（Pororoca）。“波波罗卡”本意为“具有巨大破坏力的噪声”。这种波浪可在其到达前30分钟就听到，它极具破坏力，“波波罗卡”神秘而野蛮，可以摧毁任何事物，包括树木、房子及动物。

亚马孙河的入海口呈巨大的喇叭状，海潮进入这一喇叭口之后不断受到挤压而抬升成壁立潮头，可以上溯600～1000千米。这种涌潮所产生的波浪高达3.65米，并可以持续半个多小时。它可以和我国的钱塘江大潮相媲美。在穿越了辽阔的南美洲大陆以后，亚马孙河在巴西马拉若岛附近注入大西洋。亚马孙河本身净流量大，占到全球河流入海量的1/5，相当于7条长江。亚马孙河的涌潮也因此被称为世界三大涌潮之一。

自1999年以来每年都会举行 pororoca 冲浪锦标赛，其中最好成绩保持者是巴西冲浪选手皮库鲁塔·萨拉扎尔，他在2003年成功地持续了37分钟，穿越了12.5千米。

亚马孙河口居住的图皮人，既是热带雨林农民，又是河岸居民和航海者。他们种植木薯、番薯、玉蜀黍、豆类、花生、棉花及染料植物；捕捉龟、鱼及其他水生动物。图皮人社会的基本单位是大家庭（包括双亲、已婚子女及其家庭），居住在一个很大的茅舍中。但有的图皮人则是父系氏族。

掀翻巨轮的海浪

杀人浪

主流科学界曾将“杀人浪”视为迷信而不予理会，但最新研究表明，这种杀伤力极强的巨浪确实存在，每年都会摧毁几十艘船和多个钻井台。

▲ [滔天巨浪海报]

目前关于“杀人浪”的认知有两种：一种认为在某种特定条件下，波浪会变得极不稳定，并从邻近的波浪中吸收能量，进而形成“杀人浪”。另一种认为波浪及风向都朝向强大的洋流时，会抬高水面。

德国超级油轮“明兴”号就是被“杀人浪”吞噬的著名例证。这艘有史以来最大的货船长度超过两个半足球场，被誉为“不沉之轮”。但在1978年12月7日，这艘凝聚德国海运界全部骄傲的巨轮竟在驶往美国途中突然消失！

浪花在大家的印象中有着美丽的画面：轻轻地拍打岩石激起的白色泡沫，在阳光的照耀下如同颗颗晶莹的珍珠耀眼而夺目。

除了以上美丽的画面，海浪也可能是恶魔，犹如希腊神话中的海神，稍有不顺，他就会筑起高达30米的“海墙”，吞噬豪华巨轮、游艇，让它们瞬间就消失得无影无踪，这就是“杀人浪”。

随着被海浪吞噬的船只越来越多，人们开始对有记录以来的卫星数据进行分析，发现超级巨浪不仅存在，活动还比较频繁，这种巨浪发生的可能有以下几种：当低气压导致收敛时；当不同方向的波互相交叉时；当风向在较宽的范围内改变方向时；当某些海岸形状和海底地形推动波浪时；如果发生以上几种情况就有可能出现超级巨浪。

传统理论根本无法对“杀人浪”作出解释。因为即使是在最恶劣的暴风雨中，海浪也不会高过10米，但高度竟达30米的“杀人浪”不时出现，意味着现有的气象学理论有问题。

红色灾难

赤潮

赤潮发生时，海水变得黏黏的，还会发出一股腥臭味，颜色大多都变成红色或近红色。

赤潮，又称红潮，国际上也称其为“有害藻类”或“红色幽灵”，是海洋生态系统中的一种异常现象。它是由海藻家族中的赤潮藻在特定环境条件下暴发性地增殖或高度聚集，而引起水体变色的一种有害生态现象。

赤潮生物的光合作用使水体的环境因素发生改变，会导致一些海洋生物不能正常生长、发育、繁殖，严重的造成死亡，破坏了原有的生态平衡；由于赤潮生物数量的大暴发，海洋食物链关系遭受破坏，最终导致食物链中处于高端的鱼、虾、蟹、贝类产量锐减；由于海洋生物大量死亡，在细菌分解作用下，可造成区域性海洋环境严重缺氧或者产生硫化氢等有害化学物质，使更多的海洋生物缺氧或中毒死亡。一些赤潮生物可以产生毒素，当这些生物被捕食者摄食之后，毒素会在捕食者体内积聚，当人类食用后有可能发生食物中毒事件。赤潮让人生畏，人类除了保护赖以生存的海洋外，也是束手无策。

在日本，早在腾原时代和镰时代就有赤潮方面的记载。1831—1836年，达尔文在《贝格尔航海记录》中也记载了在巴西和智利近海面发生的束毛藻引发的赤潮事件。而我国早在2000多年前就发现赤潮现象，一些古书文献或文艺作品里也有一些有关赤潮方面的记载。如清代的蒲松龄在《聊斋志异》中就形象地记载了与赤潮有关的发光现象。

▲ [山东日照海域的赤潮]

这是很多媒体都有报道的一次日照赤潮，在日照大泉沟渔港码头沿岸海边，赤潮在靠近礁石的区域呈条状分布，随潮水流动，宽度几米至几十米不等。在渔港内，渔船停泊的空隙处海水全部被染成锈红色。

海藻是一个庞大的家族，除了一些大型海藻外，很多都是非常微小的植物，有的是单细胞生物。根据引发赤潮的生物种类和数量的不同，海水有时也呈现黄、绿、褐色等不同颜色。

《旧约·出埃及记》中就有关于赤潮的描述：“河里的水，都变作血，河也腥臭了，埃及人就不能喝这里的水了。”

1803年法国人马克·莱斯卡波特记载了美洲罗亚尔湾地区的印第安人根据月黑之夜观察海水发光现象来判别贻贝是否可以食用。海水发出红褐色的光，就说明有大量鱼虾死亡，那么贻贝也就不能食用。

冰山玛瑙

条纹冰山

在南极、北极冰雪的世界里，大自然利用淡水、有积物等调和颜色，创造出了美轮美奂的条纹冰山，就如“夹心糖”一般堆积在世界两端。

▲ [绿色条纹冰山]

▶ [蓝色条纹冰山]
一些年代久远的冰山看起来很像是巨大的仿玛瑙大理石，一条呈直线的条纹扭曲变形，呈现一种弯曲之美。无法计算的力量导致固态冰数千年内像河流一样流动，同时发生弯曲和折叠，就像是一块巨大的橡皮泥。

南极、北极是冰雪的世界，在漫天的冰山中，最奇特的就是条纹冰山。冰山上条纹的出现无疑说明冰山能够在冻结过程中，出现很多奇怪的现象，不但可以拥有挺拔的身体，同时还可以拥有美丽的外表。

蓝色条纹

蓝色条纹冰山的数量较其他条纹冰山相比稍多一些。蓝冰条纹由灌入冰山裂缝的淡水所致，淡水灌入之后迅速冻结。这种冰山实际上是透明的，之所以呈蓝色的原因在于红光被吸收过程中，光谱中的蓝光受到反射。

绿色条纹

绿色条纹冰山呈现出翠绿色或者碧玉特有的绿色。绿冰由海水在冰架下方裂缝内冻结所致。此种颜色比较罕见，简直堪称奇迹。

条纹冰山除了蓝色和绿色条纹之外，还有黑色和棕色的等。

科学家们推测条纹冰山是由于冰山随着时间的推移，受环境、高压等自然因素的影响而形成的。

海洋的“大草原”

深海平原

深海中也有如同陆地平原一样的地貌，这就是深海平原。深海平原是大洋深处平缓的海床，是地球上最平坦和最少被开发的地段。

◀ [海底草原]
海草像陆上的植物一样，没有阳光就不能生存。海洋绿色植物在它的生命过程中，从海水中吸收养料，在太阳光的照射下，通过光合作用，合成有机物质（糖、淀粉等），这使得海草仅能生活在浅海中或大洋的表层，大部分的海草只能生活在海边及水深几十米以内的海底。

深海平原通常位于 3000 ~ 6000 米的海洋深处，位于大陆架和大洋中脊之间，延展数百千米宽。这种地形最早于 1947 年在北大西洋深海底被发现。深海平原的起伏通常很小，每千米相差 10 ~ 100 厘米。深海平原大约覆盖了海洋面积的 40%，在大西洋分布最多。

深海平原的形成主要是由于地层深处的硅镁带被上涌的地幔带上地面，在大洋中脊形成新的海洋地壳。新的地壳由玄武岩组成，并起伏不平。随后它逐渐被大量的沉积物所覆盖，其中大陆坡上粗粒沉淀的滑塌所造成的浊流可能通过海谷抵达深海并沉积为下粗上细的砂层，含有陆地上的黏土颗粒以及浮游生物的残骸（如多孔虫）。此外还有持续的海洋生物沉淀所形成的均匀沉积层。它们形成互层，累积成深海平原。在某些深海平原区域富藏的锰结核是铁、镍、钴、铜等金属的富结体，可能是未来矿产的来源。

深海平原是大洋盆地的重要组成单元，也是地球表面的最平坦部分。虽然大海覆盖了地球表面 2/3 的面积，但是绝大部分深海平原对于人类来讲还是未知的处女地，对于漫长时间以来它的环境是如何变迁的，仍存在着无数的未解之谜。

魔藻之海

马尾藻海

马尾藻海最明显的特征是透明度大，是世界上公认的最清澈的海。之所以称它为“魔藻之海”，是因为在帆船时代误入这片海域的船只，几乎都被马尾藻缠住，船上的人最终都会因淡水和食品用尽而无一生还。

1492年9月16日，在大西洋上航行了多日的哥伦布探险队，忽然望见前面有一片大“草原”。哥伦布以为要寻找的陆地就在眼前，于是欣喜地命令船队加速前往。然而，他们驶近“草原”后却大失所望，这根本不是陆地，而是长满海藻的一片汪洋。哥伦布凭着自己多年的航海经验，感觉到了船队的危险处境，于是亲自上阵开辟航道，他们经过近一个月的努力，才逃出这可怕的“草原”。哥伦布把这片奇怪的大海叫作萨加索海，意思是海藻海。

早在2000多年前，亚里士多德就曾提到过“大洋上的草地”。

▲ [马尾藻]

马尾藻属于褐藻门、马尾藻科，是最大型的藻类，也是唯一能在开阔水域上自主生长的藻类。

洋中之海

马尾藻海又称萨加索海（葡萄牙语中葡萄果的意思），是大西洋中一个没有岸的“海”，大致在北纬20°～35°、西经35°～70°之间，覆盖500～600万平方千米的水域，差不多有3个地中海大。马尾藻海围绕着百慕大群岛，与大陆毫无瓜葛，所以它名虽为“海”，但实际上并不是严格意义上的海，只能说是大西洋中一个特殊的水域。马尾藻海是一个“洋中之海”，它的西边与北美大陆隔着宽阔的海域，其他三面都是广阔的洋面。所以它没有海岸，因此也没有明确的海域划分界线。

是世界上公认的最清澈的海

马尾藻海最明显的特征是透明度大，是世界上公认的最清澈的海。马尾藻海远离江河河口，浮游生物很少，海水碧青湛蓝，透明度深达66.5米，个别海区可达72米。一般来说，热带海域的海水透明度较高，达50米，而马尾藻海的透明度远高于此，世界上再也没有一处海洋有如此之高的透明度。

欧洲鳗鱼出生于欧洲河流之中，但它们能够以各种方式最终抵达数千千米之遥的马尾藻海产卵。之后出生的小鳗鱼将再次返回到欧洲河流。

▲［马尾藻海上的马鞭草线］

独特的鱼类

马尾藻海中生活着许多独特的鱼类，如飞鱼、旗鱼、马林鱼、马尾藻鱼等。它们大多以海藻为宿主，善于伪装、变色，打扮得同海藻相似。其中最奇特的要算马尾藻鱼了。它的色泽同马尾藻一样，眼睛也能变色，遇到“敌人”，能吞下大量海水，把身躯鼓得大大的，使“敌人”不敢轻易碰它。

可怕的“魔海”

在马尾藻海的海面上，布满了绿色的无根水草——马尾藻，仿佛是一派草原风光。在海风和洋流的带动下，漂浮着的马尾藻犹如一条巨大的橄榄色地毯，一直向远处伸展。除此之外，这里还是一个终年无风区。在蒸汽机发明以前，船只只能凭风而行。那个时候如果有船只贸然闯入这片海区，就会因缺乏航行动力而被活活困死。在航海家们的眼中，马尾藻海是海上荒漠和船只坟墓。所以自古以来，马尾藻海被看作是一个可怕的“魔海”。

在众口流传的故事中，马尾藻海被形容为一个巨大的陷阱，经过的船只会被带有魔力的海藻捕获，陷在海藻群中不得而出，最终只剩下水手们的累累白骨和船只的孤单残骸。

马尾藻海如此可怕，人们感觉躲着它就好了，但事情并非如此，因为马尾藻海会移动，人们无法掌握它的行踪，在航行中可能突然间它就来了。

深海“飘雪”

大西洋中脊水下“雪”景

没有人会相信，海底会飘起鹅毛般的雪花。可是，这种说法却是由海洋科学家们提出来的，他们宣称在海底看见雪花了。

1973 年的夏天，一群海洋科学家利用深水潜水艇潜入大西洋大洋中脊海底，实地考察大洋底部的实际情况。当潜水艇下潜到 2500 多米的深海时，科学家们惊讶地在潜水艇的探照灯前发现，有无数飘飘扬扬的像雪一样白的东西。不时还有成串成串的“雪花”，在飞舞飘扬的“雪花”中，鱼群互相追逐嬉戏。这些海洋科学家虽然多次下潜，考察过不少大洋，但从来没想到大洋深处会有如此壮观的“雪”景。

科学家把收集到的标本送到实验室进行分析研究。发现这些并不是什么“雪”，而是生存在海中的浮游生物以及其他物质，包括悬浮颗粒，如生物尸体经过化学作用被分解成的碎屑，还有生物排泄的粪便等。数量众多的浮游生物和悬浮颗粒，就成了飘飘扬扬的雪花，科学家们把这种絮状漂浮物的景观命名为“浮游生物雪”。

悬浮颗粒和浮游生物一直都在海水中，潜水艇的探照灯就像阳光一样，在这一束灯光的照耀下，“浮游生物雪”的奇观就会上映。而且由于光在水中的折射作用，原本细小的浮游生物到人的眼中就显得比实际的要大，乍看之下，和雪花真没什么两样。

▲ [大西洋]

“一战”结束后，德国化学家佛里茨·哈勃受德国政府资助，本想到海洋中提取黄金支付战争赔款，结果却意外发现了大西洋中脊：在大西洋的中部，从南到北，有一条上万千米长的“巨龙”似的山脉。从大西洋靠近北极圈的冰岛出发，向南延伸经大西洋的中部，弯曲延伸到南极附近的布维岛，差不多从地球的最北端，一直延伸到地球的最南端，呈“S”形，长度达到 1.5 万多千米，平均宽度达到 1000 米。其规模远远超过世界陆地上的任何山脉。今天，人们已经通过更为先进的技术手段查明，大西洋中脊从洋底测量起，其高度平均为 2000 多米，如果与相邻的海盆相比，它的相对高度达 2000 ~ 3000 米，极为巍峨壮观。在一些地方，这些洋脊的峰顶甚至钻出海面，形成了大西洋上串珠般的群岛，像有名的冰岛、亚速尔群岛、圣赫勒拿岛、阿松森岛和特里斯－达摩尼亚群岛。

海水发光

海火之谜

海光非常迷人，有的像绚丽的礼花，有的如巨大光柱，有的仿佛是快速旋转的闪光的风车，有的又似串串火珠组成的变幻莫测的几何图形……这种现象并不是在所有的海域里都会发生的。

▲ [印度洋乌贼]

生活在印度洋 3000 米深海底的乌贼有着同时发出 3 种光亮的本领：肛门上的两个发光点发出铁锈色的光；腹部发出青光；两眼发出蓝光。深海中的翻车鱼，则是红、黄、蓝、白、绿光交相辉映，在黑色的海幕上隐现，煞是好看。

在海洋中有几千种生物能发光。在终年漆黑如墨的深海底，90% 的生物能发光。

夜晚出来活动的光脸鲷

1909 年 8 月 11 日，驶往锡兰（今斯里兰卡）科伦坡港的“安姆布利亚”号轮船正在夜航，突然在东南方向发现一片亮光，船员雀跃欢呼，以为见到了海港闪烁的灯光。可过了不久，他们才发现那不过是海洋发出来的一道巨大的光带。

后来，经生物学家的鉴定，才知道这是一种白天隐居在海底洞穴之中、夜晚出来活动的光脸鲷。这种鱼头大嘴小，在每只眼睛的下方都长有一个黄豆般的发光器官，它的亮度与一只电力稍弱的手电筒一样，在漆黑的海水中，潜水员在 15 米外都能看见这种光亮。

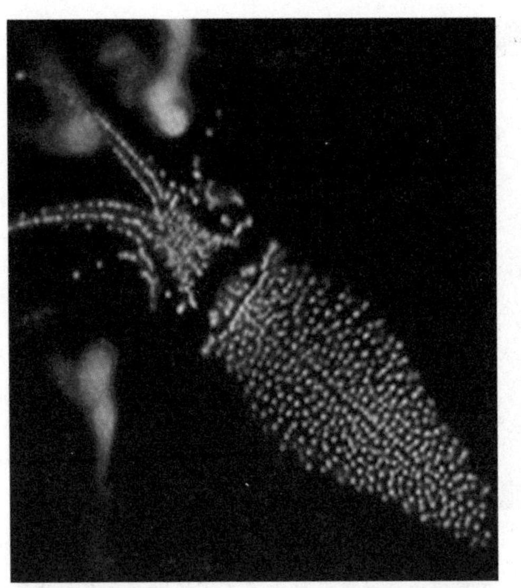

▲ [发光乌贼]

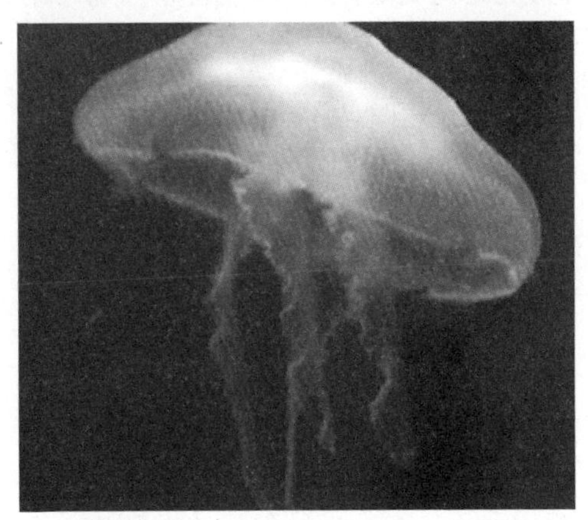

▲ [发光水母]

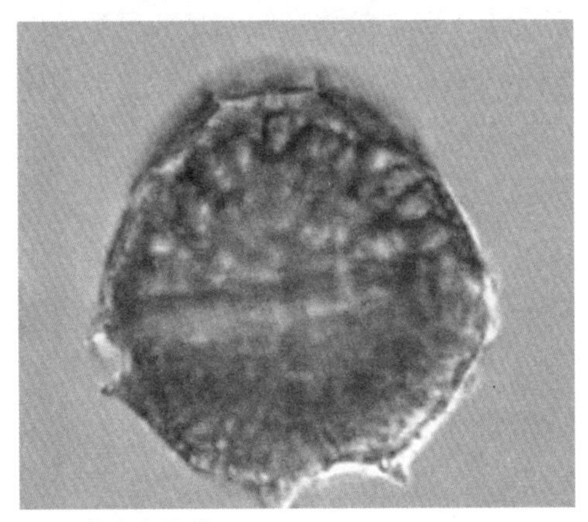

▲ [发光多甲藻]

发光的乌贼

1945年，法国的一位潜水专家乘深海潜艇潜入了2100米的海底，当他打开探照灯时，看到一幕瑰丽的海底焰火图像：一只长约45厘米的乌贼，从漏斗中喷射出一滴闪光的液体，在深海中很快散发成光亮夺目的绿色焰火。随之，另外两只乌贼又喷出两滴闪光液体，在水流的作用下，形成了一大片令人眼花缭乱的流体焰火云，在水中持续了近5分钟。

发光是防止侵害和捕获食物

乌贼能够在漆黑的深海中发出光芒四射的光带或烟云，使得天敌眼花缭乱，它便趁机逃之夭夭；光脸鲷在受到威胁时，会突然亮一下发光器，以迷惑对方视线，接着迅速关闭光源，改变游弋的方向，等到猎捕者赶到时，光脸鲷早已经逃跑了；还有一种腔肠动物海鳃，也叫海笔，其形状像淡红色的鹅毛，敌方接近它时，会发出磷光，照射在“侵犯者”身上，从而“借刀杀人”，引来更大的掠食动物捕获“侵犯者”。

海底带来神奇光彩的远不止鱼类

生物学家研究分析，海洋生物发光是为了防御肉食动物的侵害，同时还有着诱捕与猎取食物的功能，或是为了寻找同伴与诱引异性。

其实，给海底带来神奇光彩的远不止鱼类，海水中有的浮游生物也有发光的本领，像夜光虫、多甲藻、裸沟鞭虫、

▲ [发光海滩]

在我国大连甘井子区大黑石浴场附近也有大片蓝色发光海水，远远望去，犹如蓝色星河坠落人间。据悉，这是微生物鞭毛藻受外界骚扰释放的光亮。

发光的海洋生物的生长发育规律有季节性变化，随着季节转换，荧光海滩不是每天都会出现，想要看到荧光海滩，还需要一点运气。

红潮鞭虫和一些水母、鱼类等，都能在夜晚发出微弱的亮光。这些生物体内有特殊的发光细胞或器官，包含有荧光酶和荧光素，在海水搅动的影响下，可以发生氧化作用，同时发出细小的亮光。在茫茫的黑夜，这些微弱的亮光汇集起来，就形成神奇绚丽的海光。

发光的珊瑚

早在18世纪中叶，法国的特夫因侯爵在海上探险中就从深海底打捞上一簇灌木状的发光珊瑚。当时，它正放射出火炬般明亮的火焰，把黑夜照得通明。为此，特夫因在航海日记上这样写道："所有的珊瑚枝条上都在放射着灿烂夺目的光焰，它们忽明忽暗，变幻莫测，忽而由淡紫色变成深紫色，忽而由红色变成橙黄色，有时又由淡蓝色变成浓淡不同的绿色……光焰最亮时，6米外的报纸上最小的字都能看。15分钟后，光焰熄灭了，而珊瑚全变成了枯枝。"

全世界只有7个生物荧光海湾

在全世界只有7个可以称作生物荧光海湾的地方，3个在波多黎各，2个在澳大利亚，1个在马尔代夫，还有1个在辽宁大连。最著名的就是波多黎各的Vieque岛。那里的海湾里发光的是一种叫作鞭毛藻的非植物非动物、类似于细菌的单细胞微生物。这个海湾里每加仑的水中有大约72万个这种小东西，它们个头不大，也就几十微米，按理说肉眼是根本看不到的。不过，当它受到外界扰动的时候，会像萤火虫一样释放出生物光，这种光的释放其实是鞭毛藻的一种防御功能，令捕食者敬而远之。

最大的洋流

墨西哥湾暖流

墨西哥湾暖流像一条巨大的、永不停息的“暖水管”，携带着巨大的热量，温暖了所有经过地区的空气，并在西风的吹送下，将热量传送到西欧和北欧沿海地区，使那里成为暖湿的海洋性气候。

在浩瀚的海洋上，奔腾着许多巨大的洋流，它们在风和其他动力的推动下，循着一定的路线周而复始地运动着，其规模比起陆地上的巨江大川要大出成千上万倍。而所有的洋流中，有一条规模十分巨大，堪称洋流中的“巨人”，这就是著名的墨西哥湾暖流，简称为湾流。

墨西哥湾地处热带和亚热带气候区，地形封闭，几乎同外界隔绝。水温和盐度较高，夏季水温高达 29℃，近海岸水温达 37℃，冬季为 18 ~ 24℃；盐度为 3.65%。汇集到墨西哥湾的南北赤道暖流，绕海湾兜了一个大圈，形成墨西哥湾暖流。墨西哥湾暖流从佛罗里达海峡流入大西洋，先沿着北美洲东海岸向北流到纽芬兰岛附近，然后折向东横过大西洋到达欧洲西海岸。至此洋流分成两支，向北的北大西洋暖流一直远征到北冰洋的巴伦支海；向南的一支叫加那利寒流，最终又回到了赤道附近。

墨西哥湾暖流规模十分巨大，它宽 100 多千米，深 700 多米，总流量每秒 7400 万 ~ 9300 万立方米，比世界第二大洋流——北太平洋上的黑潮要大将近 1 倍，比陆地上所有河流的总量要超出 80 倍。

▲ [墨西哥湾暖流]

墨西哥湾暖流成因：一是信风所引起的赤道海流在大西洋西侧积聚海水，使加勒比海、墨西哥湾水位抬高所致。二是注入墨西哥湾的大河流（如密西西比河）将大量河水排入，引起水位抬高所致。三是高纬度海域与低纬度海域的巨大水团的密度差引起。

地球上唯一的双层海

黑海

黑海除边缘浅海区和海水上层有一些海生动植物外，深海区和海底几乎是一个死寂的世界，使得黑海形成一个面积大并缺氧的海洋系统。

黑海是欧亚大陆的一个内海，与地中海通过土耳其海峡相连。流入黑海的重要河流有多瑙河和聂伯河。黑海的称呼最早来自古希腊。因为远离希腊人认为的“世界文明中心”，所以希腊语中将其称作黑暗或昏暗之海。随后的游牧民族统治时期，也沿袭了这个名字。在突厥文化里北方为黑色，西方为白色，南方为红色，东方为蓝色。因为黑海位于后来奥斯曼土耳其帝国之北，所以依然叫作黑海。

黑海也是地球上唯一的双层海。黑海地区面积约 42.4 万平方千米，年降水量 600 ~ 800 毫米，同时汇集了欧洲一些较大河流的径流量，年平均入海水量达 355 亿立方米（其中多瑙河占 60%），这些淡水量总和远多于海面蒸发量，淡化了表层海水的含盐量，使平均盐度只有 1.2% ~ 2.2%。由于表层盐度较小，在上下水层间形成密度飞跃层，严重阻止了上下水层的交换，使得深层海水严重缺氧。据观测，在黑海 220 米以下水层中已无氧存在。在缺氧和有机质存在的条件下，经过特种细菌的作用，海水中的硫酸盐分解而形成硫化氢等，而硫化氢对鱼类有毒害，这使得黑海除边缘浅海区和海水上层有一些海生动植物外，深海区和海底几乎是一个死寂的世界。同时硫化氢呈黑色，致使深层海水呈现黑色。

▲［黑海风光－克里米亚的燕子窝］

2500 万年前，黑海还与地中海相连。随着地壳运动和冰期，黑海与地中海反复隔绝和连接，6000 ~ 8000 年前的大冰期后形成相连。

黑海淡水的收入量大于海水的蒸发量，使黑海海面高于地中海海面，盐度较小的黑海海水便从海峡表层流向地中海，地中海中盐度较大海水从海峡下层流入黑海，由于海峡较浅，阻碍了流入黑海的水量，使流入黑海的水量小于从黑海流出的水量，维持着黑海水量的动态平衡。

海龙卷

玛尔莫水柱

“玛尔莫”水柱不具备海龙卷的特征，当时也没有形成海龙卷的条件，但其确实存在过。

水龙卷是一种偶尔出现在温暖水面上空的龙卷风，俗称龙吸水或龙吊水等。发生在海上的龙卷风叫“海龙卷”，它的破坏力特别巨大，如果船只和飞机遇到海龙卷，很快就会被卷得无影无踪。只不过海龙卷毕竟是短暂的和局部的，而且不可能经常发生。

1960 年 12 月 4 日 8 点 30 分，“玛尔莫”号以每小时 12 海里的速度驶入接近利比亚班加西港的邻近海域。当时，船上的二副、三副和水手同时发现有一条柱状体从海面垂直升起，但几秒钟后就消失了。两分钟后，他们又看到了水柱再次出现。于是他们用望远镜进行观察，原来这是一条有着周期间隔的水柱。每次喷射的时间约持续 7 秒钟，然后消失，大约 2 分 20 秒后又重新出现。用六分仪观测，测得水柱高度为 150.6 米。

▲ [海龙卷]

海龙卷一般的运动规律是以每小时 50 千米速度沿直线运动，运动过程中上部会因气流的原因向特定方向倾斜，同时会发生壮观的“龙吸水”景象。海龙卷的破坏力表现在它能把海上船只吸入其中，对航行影响较大，故号称“风霸王”。由于特殊的气象条件，海龙卷持续时间比陆上龙卷风要长，强度也较大，但其直径比陆龙卷风略小。常以海龙卷风群的方式出现。1949 年南半球的夏天，新西兰下了一场“鱼雨”，鱼从天而降，这就是海龙卷的作用。

后来，因船驶远，水柱从他们视线中逐渐消失。这股奇怪的水柱是怎样形成的呢？科学界争论不休。有人认为它是“海龙卷”吸起的水柱。但“海龙卷”应呈漏斗状，这与报告中提到的水柱情况不符，而且从有关的气象资料看，当时没有形成“海龙卷”的条件。于是有人提出，这是火山喷气作用的结果，但是在班加西邻近海域还没有发现火山活动的记录。如果确是水下火山喷发，周围的海域绝不应如此平静。因此，“玛尔莫”号船员见到的是一个难解的海洋之谜。

地球的漏斗

海洋无底洞

据估计，每天失踪于地中海爱奥尼亚海域“无底洞”里的海水竟有3万吨之多。没有人知道这些水流向了哪里。

▲［从希腊背后看地中海爱奥尼亚海域］

海洋无底洞又称“死海”或黑洞，据推测，海洋无底洞就像地球的漏斗、竖井、落水洞一类地形。

在地中海东部的爱奥尼亚海域，有一个许多世纪以来一直在吞吸着大量海水的“无底洞”。地中海“无底洞”引起了科学家们极大的研究兴趣，为了揭开其秘密，科学家们用深色染料溶解在海水中，观察附近的海面以及岛上的各条河、湖，奇怪的发现这种染料随同那股神秘水流，进入了“无底洞”后再无踪迹，实验毫无结果的失败了。

科学家们后来又进行了新的实验：考虑到颜料稀释后很难被发现，这次他们用玫瑰色的塑料，掷入旋转的海水里。一会儿所有小粒塑料就被无底洞吞没。但是它们依然没有了踪迹，科学家们的实验再次失败了。

在印度洋北部海域北纬5°13′、东经69°27′处也有一个海洋无底洞，这里夏季盛行西南季风，海水由西向东顺时针流动；冬季则刚好相反。“无底洞”海域则不受这些变化的影响，几乎呈无洋流的静止状态。

热带风暴孕育的地方

孟加拉湾

孟加拉湾是全球热带气旋频繁活动的海域之一，孟加拉湾风暴常对周围邻近国家或地区造成严重影响。

海洋吞噬大陆，或是大陆蚕食海洋，其结果都会在大陆边缘形成许多海湾。在世界范围内，总面积在 100 万平方千米以上的海湾有 4 个，而超过 200 万平方千米的只有印度洋东北部的孟加拉湾。

孟加拉湾的表层环流受季风的强烈影响。春夏两季，潮湿的西南风引起顺时针方向的环流；秋季和冬季，受东北风的作用，转变为逆时针方向环流。由于孟加拉湾的地形效应，导致了各种作用力的聚焦，因而，潮差、静振和内波等现象均较显著。

孟加拉湾地区是全球热带气旋频繁活动的海域之一，属于风暴孕育的地方。一般认为，这种风暴大多发生在南、北纬 5° ~ 25° 的热带海域。产生在西太平洋，常常袭击菲律宾、中国、日本等国的叫台风；产生在大西洋，常常袭击美国、墨西哥等国的叫飓风。而每年 4 ~ 10 月，孟加拉湾当地夏季和夏秋之交，神秘而猛烈的风暴常常伴着海潮一道而来，掀起滔天巨浪，呼啸着向恒河和布拉马普特拉河的河口冲去，风急浪高，大雨倾盆，造成了巨大的灾害。

▲ [孟加拉湾热带风暴]

1970 年 11 月 12 日，孟加拉湾形成的一次特大风暴袭击了孟加拉国，30 万人被夺去生命，100 多万人无家可归。

2008 年的孟加拉湾热带风暴“妮莎”登陆印度东南部，导致印度、斯里兰卡、马尔代夫等国 204 人死亡。

2010 年的孟加拉湾特强气旋风暴“吉里”登陆缅甸西部，由于纳尔吉斯之后缅甸加强了抗灾工作，因此损失相对较小，最终导致 27 人死亡 15 人失踪。

孟加拉湾热带风暴（简称孟湾风暴），常对周围邻近国家或地区造成严重影响。如其偏北移动，会导致孟加拉国出现大海潮，青藏高原产生暴风雪；偏东移动常对缅甸、中南半岛和我国西南地区有较大影响；偏西移动则会对印度、斯里兰卡等国造成重大影响。

▲ [海市蜃楼]

海上幻象

海市蜃楼

“忽闻海上有仙山，山在虚无缥缈间”，“东方云海空复空，群仙出没空明中，荡摇浮世生万象，岂有贝网藏珠宫”。自古以来，人们就对海市蜃楼做了十分形象的描绘。

海市蜃楼是海上最为著名的奇景之一。海市蜃楼的持续时间有长有短，1988年在山东蓬莱出现的一次海市蜃楼大概是我国沿海见到的时间最长的一次。1988年6月17日，在蓬莱阁对面的海面之上，出现了一次长达4个小时40分钟的海市蜃楼，从下午2点20分开始，一直持续到晚上7点钟左右才消失。而且这次海市蜃楼的出现范围十分辽阔，长达100千米。海岛树木、亭台楼阁，甚至行人车辆等，均可在海市蜃楼中清清楚楚地看到。

蜃景有两个特点：一是在同一地点重复出现，比如美国的阿拉斯加上空经常会出现蜃景；二是出现的时间一致，比如我国蓬莱的蜃景大多出现在每年的5、6月份，俄罗斯齐姆连斯克附近蜃景往往是在春天出现，而美国阿拉斯加的蜃景一般是在6月20日以后的20天内出现。

那么，如此奇妙绝伦的景观又是如何形成的呢？

原来，这是由于空气的密度不同而引起的光线折射而形成的。由于气温在海面上空有着很大的垂直变化，当下面空气层受到海水冷流的影响，温度偏低，

1981年4月的一天下午，在浙江普陀山出现了一次罕见的海市蜃楼现象。当时，海上风平浪静，在风景胜地千步沙一带散步的游人，突然看到在普陀山东面的梵音洞上空，云海茫茫，迷雾阵阵，从云雾之中，涌现出朵朵瑞云。彩云之中，缓缓现出一座琉璃黄墙巍峨庄严的千年古刹。古刹周围，林木葱茏，奇峰叠起，在若隐若现的山峦之中，还环绕着阵阵烟云！景象逼真，清晰可辨，令人叹为观止！

同年7月7日，在山东蓬莱阁也出现了一次海市蜃楼，持续时间长达40分钟。

▲［海市蜃楼］

在北宋年间，我国著名的科学家沈括就在《梦溪笔谈》一书中提到海市蜃楼："登州海中，时有云气，如宫室、台观、城堞、人物、车马、冠盖，历历可见，谓之'海市'。"蜃，是蛟龙之类的东西，能吐气为楼，故曰"海市蜃楼"。

而上面空气层反而温度较高时，即出现下冷上暖的反常现象。在光线的传播过程中，透过不同密度和温度的空气层时，就会发生折射和全反射现象，使得远方的物像呈现在人们的面前，这种幻觉幻象，就是海市蜃楼。

海市蜃楼有上现（正像）和下现（倒像）之分，一般看见的直立于空中的远处景物印象，称为上现唇景；而看见的是远处的景物仿佛倒立于地下，则称为下现唇景。

海市蜃楼的出现时间比较固定，比如在山东庙岛列岛，多在夏天7月份左右出现，尤其是当雨过天晴，海面上尚有雾气，并伴有轻微的海风时，最有可能出现海市蜃楼。

除海岛及海滨可出现海市蜃楼之外，大洋之中和沙漠之中，也可以出现海市蜃楼。在海边或大洋中，一般多数出现的是上现蜃景，而在沙漠之中，既可有上现蜃景，也可有下现蜃景。

刘献廷《广阳杂记》

莱阳董樵云：登州海市，不止幻楼台殿阁之形，一日见战舰百余，旌仗森然，且有金鼓声。顷之，脱入水。又云，崇祯三年，樵赴登州，知府肖鱼小试，适门吏报海市。盖其俗，遇海市必击鼓报官也。肖率诸童子往观，见北门外长山忽穴其中，如城门然。水自内出，顷之上沸，断山为二。自辰至午始复故。又云，涉海者云，尝从海中望岸上，亦有楼观人物，如岸上所见者。

《海市蜃楼》——选自《梦溪笔谈》（沈括）

登州海中，时有云气，如宫室、台观、城堞、人物、车马、冠盖，历历可见，谓之海市。或曰："蛟蜃之气所为"，疑不然也。欧阳文忠曾出使河朔，过高唐县，驿舍中夜有鬼神自空中过，车马人畜之声一一可辨，其说甚详，此不具纪。问本处父老，云：二十年前尝昼过县，亦历历见人物。土人亦谓之海市，与登州所见大略相类也。

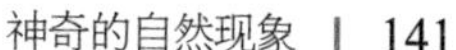

海洋死区

生物无法生存的区域

海洋生物学家发现，海洋中出现越来越多的低氧区，那里的海洋动物由于缺氧而死，科学家称这些低氧区为海洋死区。

海洋死区是指因海水严重富营养化而造成的鱼类等生物无法生存的区域。绝大多数动物的生长都需要氧气，如果没有氧气，动物就会窒息而死。陆地上的动物如此，海洋中的动物也如此。

海洋科学家公认的海洋死区标准是每升海水的含氧量不足 2 毫克。然而，许多海洋动物的生存要求更高。比如，加拿大和美国东部海面发现的一种幼蟹，在每升海水含氧量 8.6 毫克的海域中，就

近年来，海洋死区的数量和面积有不断增加的趋势。其中多数是由于逐渐增加的富养径流而造成的海洋死区。从 1910 年发现第一块海洋死区以来，100 多年来已经发现了 405 块海洋死区，总面积达 25 万平方千米，这样的扩散速度实在太惊人了。而全球海洋的总面积为 3.6 亿平方千米，海洋死区已经占据了千分之七的海洋面积。其中，面积最大的海洋死区在美国密西西比河河口，面积达 2.2 万平方千米，占了全球海洋死区面积的将近 1/10，相当于新泽西州的大小。

▲ [海滩上大量死亡的鱼]

▲ [泛滥的海藻]

得开始挣扎求生。目前使用的死区含氧标准，不足以避免海洋生物大规模死亡的损失。

形成海洋死区的主要原因是海藻泛滥。海藻在生长过程中也会像陆地植物那样吸收二氧化碳放出氧气，但是海藻的生长和繁殖很快，并且不断死亡，然后沉入海底并腐败，成为海底泥滩中细菌丰富的食物来源，细菌在分解这些海藻时会从周围水域消耗氧气。根据科学家的计算，海藻生长中产生的氧气要比细菌消耗的氧气少得多，结果导致相应水域成为死区。

美国国家科学基金会还认为，海洋死区还有另一种危害存在。从 2002 年的夏天开始，美国最重要的渔场——太平洋西北岸的水域，已经被发现存在大范围的死区，并可能会造成截然不同的奇怪现象：海洋和大气环流的变化，会反过来使气候发生变化。

目前，海洋死区蔓延已成为全球沿海生态系统的主要威胁。在海洋死区中，海洋生物不易存活，尤其是鱼类和螃蟹、虾等甲壳类动物更为脆弱，这些海洋生态链低端动物的死亡会导致大型海洋生物缺少食物而死亡。海洋死区的扩张威胁到渔业的捕获量，进而对依赖渔业为生的数亿人口造成重大威胁。

海洋是地球生命的摇篮，也是地球可持续发展的重要一环，人类需要一片生机勃勃的海洋，而不是一片逐渐走向死亡的静悄悄的海洋。

海洋上结出的“冰花”

南极洲海域

在南极洲海域的海面上出现了很多不可思议的冰簇，这种现象很难解释。

南极洲位于地球南端，四周被太平洋、印度洋和大西洋所包围，边缘有别林斯高晋海、罗斯海和阿蒙森海等，亦称“第七大陆”，包括大陆、陆缘冰和岛屿，总面积1405.1万平方千米，约占世界陆地总面积的9.4%。全境为平均海拔2350米的大高原，是世界上平均海拔最高的洲。大陆几乎全被冰川覆盖，占全球现代冰被面积的80%以上。大陆冰川从中央延伸到海上，形成巨大的罗斯冰障，周围海上漂浮着冰山。

整个南极大陆只有2%的地方无长年冰雪覆盖，动植物能够生存。气候酷寒，极端最低气温曾达−89.2℃。风速一般达每秒17～18米，最大达每秒90米以上，为世界最冷和风暴最多、风力最大的陆地。全洲年平均降水量为55毫米，极点附近几乎无降水，空气非常干燥，有“白色荒漠”之称。

近些年来，南极洲海域出现的一种神秘现象：在平静的海面上出现了许多奇特的冰簇，形状类似于盛开的白色花朵。科学家研究认为，这是海水蒸发时遇到冷空气，在盐分子形成的核心周围不断凝结，形成了一朵朵的冰晶簇，形状类似于盛开的花朵。

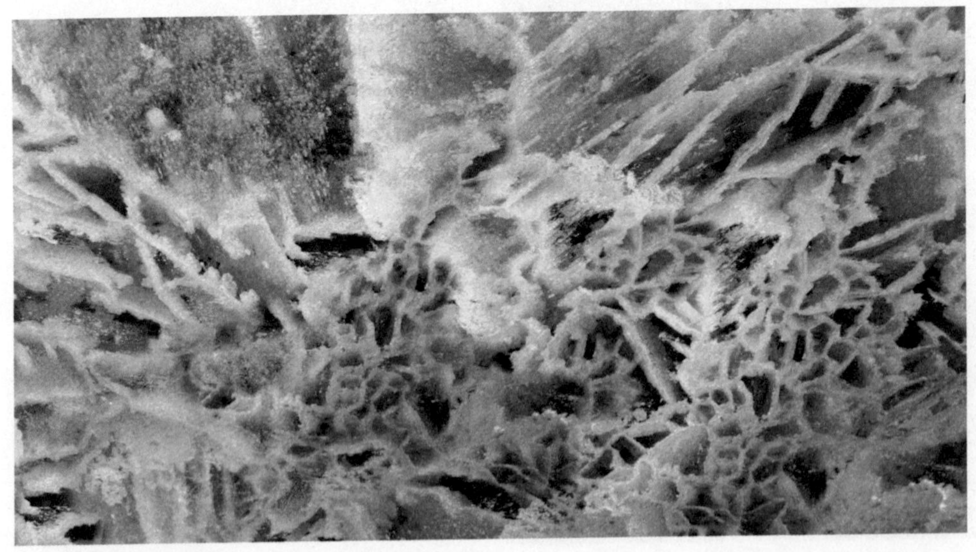

▲［南极奇特的冰簇］

深海沉积物石灰岩

地球气候的记录者

浮游生物遗骸的沉积速度虽然极慢，但它对古气候的研究却非常有用。

▲ [云南路南的石林]

石灰岩简称灰岩，又叫石灰石，是以方解石为主要成分的碳酸盐岩。石灰岩是喀斯特地形的主要构成成分，是一种在海、湖盆地中生成的灰色或灰白色沉积岩。最壮观的有我国广西桂林的峰林以及云南路南的石林。据说，石灰岩的 90% 是由海洋中的有孔虫、放射虫、硅藻等浮游生物的遗骸沉积而成的。不过，其沉积过程相当的漫长，1000年只沉积10毫米左右。由此推测，桂林峰林的石灰岩层厚达3000～5000米，其沉积时间大约为2亿年。其后，由于地壳变动慢慢隆起形成陆地，又经过大自然千百万年的“雕刻”，从而形成当今的奇峰异洞。

▲［广西桂林的峰林］

浮游生物遗骸的沉积速度虽然极慢，但它对古气候的研究却非常有用。因为从深海钻探得到的岩芯中的浮游生物化石中，能够明白从海底诞生时，直到现在地球的气候变化。而其中的某些信息，给古地磁的研究提供了重要的信息：即从沉积物中发现在过去的4000万年之间，地球磁极至少发生过140多次的逆转。

> 浮游生物遗骸的沉积速度虽然极慢，但对古气候的研究却非常有用，可以从这些化石中，明白海底诞生时以及后来地球的气候变化。

浮游生物还与地球温暖化有微妙的关系。浮游生物能起到固定二氧化碳的作用。因为二氧化碳能与钙形成石灰石。因此，地球上约90%的二氧化碳被作为石灰石固定下来。如果浮游生物全部死亡，那固定二氧化碳的系统可能崩溃，大气中的二氧化碳浓度将上升，从而引起地球的温暖化。

海面上燃烧的神秘光圈

海洋光轮

“海洋光轮”也许是由于球形闪电的电击而引起的现象，也有可能是其他某种物理现象所造成的。

▲ [海洋光轮还原图]

“海洋光轮”几乎没有出现在公海上，目击到的“海洋光轮”常限于内海、海湾、海峡或大陆沿岸海面等比较狭窄的水域，而且时间大多集中在初春到初夏期间，60%发生在4—6月份。

1880年的一个黑夜里，“帕特纳”号轮船正在波斯湾海面上航行。突然，船的两侧各出现了一个直径500 ~ 600米的圆形光轮。这两个奇怪的“海洋光轮”，在海面之上围绕着自己的中心旋转着，几乎擦到了船边。它们跟随着轮船前进，大约20分钟之后才消失。美国作家查尔斯·福特一生都在收集这类难以解释的怪事，他曾多次列举了这种奇怪的“海洋光轮”现象。

1909年，在英国的一个科学协会的会议上，有人讲述了航海中遇到的奇怪事件：一天，英国帆船“丘克吉斯”号在印度洋上航行，人们突然看见两个巨大的“光轮”在水中高速旋转。当“光轮”接近帆船时，船上的桅杆猛然被拉倒，同时散发出浓烈的硫黄气味，船员们都吓得跪下求上帝保佑。当时，大家把这种奇怪的“光轮”叫作“燃烧着的砂轮”。

1909年6月10日凌晨3点，一艘丹麦汽船正航行在马六甲海峡中。突然间，船长宾坦看到了海面上出现了一个奇怪

▲ [海洋光轮臆想图]

海洋光轮现象早在哥伦布时期就已经出现，1492年，哥伦布在靠近一个不知名的小岛上，海面出现了一个旋转的光轮，而且时上时下，前后持续了4个小时，其他船员也看到了这种现象，哥伦布将其记录在他的航海日记中，但不幸的是，其原稿已丢失，而翻译稿则记述不同。

的现象：一个几乎与海面相接的圆形光轮在空中旋转着。宾坦被惊得目瞪口呆。过了好一会儿，光轮才消失。

1910年荷兰“瓦伦廷”号轮船船长布雷耶在南海航行时，也看到了一个“海洋光轮”在海面上飞速地旋转着。与上面所提到的“海洋光轮”不同的是，该船船员在光轮出现期间，都有一种不舒服的感觉。

在海洋光轮出现时，在海面上常常能看到海水翻滚，而且能听到“嘘…嘘”的怪声。

“海洋光轮”的大部分目睹者都是在印度洋或印度洋的邻近海域，其他海域鲜有发生。

如何解释这类奇怪现象呢？人们做了种种推论和假设。有人认为，航船的桅杆、吊索电缆等的结合可能会产生旋转的光圈；海洋浮游生物也会引起美丽的海发光；有时，两组海浪相互干扰会使发光的海洋浮游生物产生一种运动，这也可能会造成旋转的光圈。还有人认为“海洋光轮”也许是球形闪电的电击引发的现象，或者某种物理现象造成的。

水下闪光的巨砾

红海杀人巨砾

当地渔民声称这个海域存在一个具有魔力的神秘之地，并称之为不祥之地，他们从不去那里捕鱼，而且船只航行时都会远远绕道而行。

红海位于非洲东北部与阿拉伯半岛之间，形状狭长，从西北到东南长 1900 千米以上，最大宽度为 306 千米，是连接地中海和阿拉伯海的重要通道。在红海之滨，有一小块沿海区被划为旅游景点，并成为潜水运动的乐园，甚至被誉为世界三大潜水胜地之一，每年到这里来潜水的游客非常多，然而不幸的是，这片海域总会发生神秘失踪事件。

世界三大潜水胜地一般指马尔代夫、诗巴丹和红海。

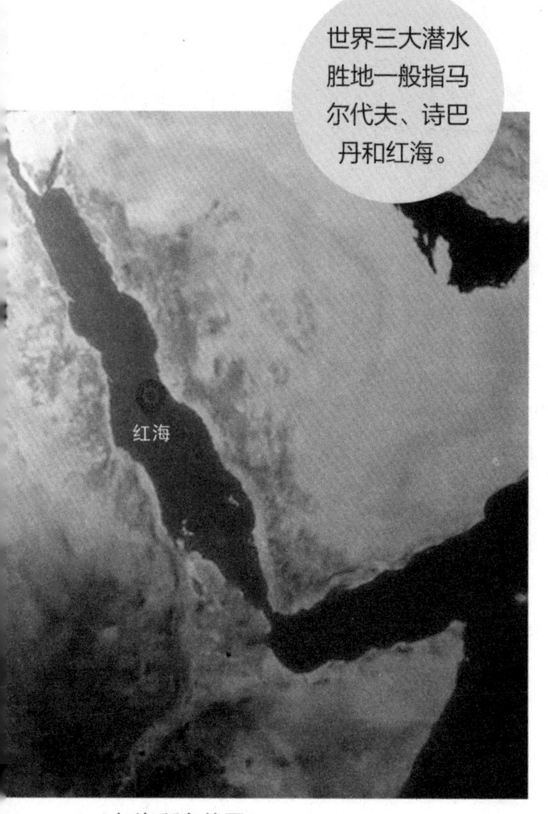

▲ [红海所在位置]

潜水时发现闪光沙砾

长期以来，这里发生的人员失踪奇案只被视为偶发事件，没有引起人们的重视，更没有人将这些神秘事件同当地的海底状况联系起来。直到有一天，当地政府接到报案：两名来自德国的潜水爱好者艾玛和马克斯在这一海域神秘失踪，而且他们是在风和日丽的天气里，在距离海岸 50 米处的水下失踪的。当地政府派来专业潜水员深入水底寻找，找遍周围水域却一无所获，只是在他们失踪的海底发现了一块巨大的闪光砾石。这块神秘的闪光巨砾从外表看，很像一尊古代雕像的头部；它的正面像一个巨人的面孔，有鼻子和眼睛的细微部分，表面被海水冲刷得十分光滑。

红海的名称是从古希腊名演化而来的，意译即“红色的海洋”。位于非洲东北部与阿拉伯半岛之间，呈现狭长形。其西北面通过苏伊士运河与地中海相连，南面通过曼德海峡与亚丁湾相连。

▲［红海上的沙尘暴］

近年来，红海上的沙尘暴天气日益频繁，此图为NASA拍摄到的一组卫星照片，显示了红海上空持续约一个月的沙尘暴。红海上空的沙尘暴表现出一种独特的、固定的模式：来自苏丹的沙尘向东吹过红海上空，然后向南方来一个急转弯。

红海从裂谷到海洋是因为非洲板块和印度洋板块张裂拉伸而形成的结果，而且红海可能正处于扩张状态，1978年，在红海阿发尔地区发生的一次火山爆发，使红海南端在短时间内加宽了120厘米。按平均每年1厘米的速度扩张的话，再过几亿年，红海就可能发展成为像大西洋一样浩瀚的大洋。

水下巨砾给人电击感

一个月后，这里又发生了一起类似事件：一个名叫奈比兰德拉的意大利女潜水爱好者，来到那个闪光的水下巨砾附近潜泳，却因一种异常的感觉回到船上。她莫名其妙地休克过去了，手上还出现神秘的烧灼痕迹，从她的腕关节直至肘关节区间的皮肤上似乎布满一种小网状物。奈比兰德拉苏醒后回忆说："在水下，我根本没有碰到水母，什么也没碰到，只是触摸了一下那块水下巨砾——它间歇地闪烁着白光，这时，我体会到一种强力的电击感。"

在当地警察局的档案中，也有过对这一海域发生失踪事件的记载。当研究人员翻开档案时惊异地发现，这一海域过去发生过多起神秘失踪的案例。从1976年至今，已记录下10多起这样的悲剧事件。所有失踪者都是从事潜水运动的人，而且每次事发后，都找不到失踪者的尸体。

它的光源是何物

这一海域出现的怪异现象和神秘失踪事件，引起科学家的极大关注和浓厚兴趣。科学家通过大量观测和研究发现，这些悲剧事件都发生在白天，而且人员失踪的日期均和满月日期相吻合。在大多数情况下，目击者都提及过那块水下"杀人巨砾"周围的神秘闪光。

为了研究这一水下的神秘闪光，人们把它拍成电影胶片，并组织海洋学、

红海是连接地中海和阿拉伯海的重要通道，是一条重要的石油运输通道，具有战略价值。

在《圣经》中有摩西带以色列人穿过红海的故事，但没有考古证据。在1世纪左右，希腊航海家打开了由红海到印度的航线。

光学等有关专家观察研究。科学家们认为，这一水下发光巨砾很像古代雕像人头的说法纯属一种偶然的巧合。这块巨砾是一个强大电磁辐射源，然而其电磁辐射的机理还尚无定论。

特异现象专家利弗雷德认为，现代科学无法解释这些事实和怪异现象，但这一切都是合理存在的自然现象，人们做出"尚无定论"的结论是可以理解的。如果是这样的话，那为什么不想象一下这个具有魔力的水下闪光巨砾：它绝对不是"杀手"，而是一个守卫着海滨、防范敌人进攻的神秘"卫士"。这个神秘"卫士"昔日曾常备不懈地发挥着功效，以使前来进犯的敌人军舰沉没。今天，它那消耗殆尽的威力只是在满月时才表现出来，但仍具有一定的杀伤力，足以使疏忽大意的潜水者毙命。

史学家们对此也有一些假说和推断：海军上将亚历山大·马可顿斯基的舰队就是葬身于这片海域，而且消失得无影无踪。马可顿斯基的军舰有可能是被这海底闪光的魔石击沉的，当然这是无法证实的，只能是个推断而已。

▲ [南极范达湖]

冰天雪地里的暖水湖

南极范达湖

范达湖是藏身于南极干谷区的一个暖水湖，在其68.6米深的湖底部，水温高达27℃，给极地考察和科学家们带来一串串难解的谜团。

南极大陆维多利亚地区附近的赖特干谷中终年不降雪，更无冰川，范达湖就位于干谷底部，新西兰的范达考察站就建立在湖畔，范达湖也因此得名，让范达湖闻名遐迩的原因是它竟然是一个存在于南极大陆的暖水湖。

众所周知，素有“白色大陆”之称的南极是地球上最冷的地区，那里终年冰雪茫茫，95%的大陆被厚达2000米的冰层覆盖，平均气温低达零下几十度。

而范达湖却是一个水温很高的暖水湖。

1960 年，日本的一些科学家曾经对范达湖进行了科学考察。他们发现，范达湖的表面有一层 3~4 米厚的冰，冰下面的水温在 0℃左右。越是湖水深处，水的温度就越高，在 15~16 米深的地方，水温升到了 7.7℃。到了 40 米以下，水温竟然可以升到 25℃，这几乎跟温带地区的海水温度相同了，而在湖底 68.6 米深的地方，水温高达 27℃。范达湖这种奇怪的现象，引起了科学家们的极大兴趣，形成了两种不同的观点，一种认为是太阳辐射的原因。即南极的夏天太阳照射的时间比较长，范达湖湖面接受的太阳辐射的能量就比较多；而湖面由于冬天结冰，含的盐分就会增高，所以水的密度就会变大。这样，即使夏天水温升高的时候，表面水的密度也比较大，导致温暖的表层水下沉，从而使底层水温升高。另一种认为是地热活动所致，范达湖距离罗斯海有 50 千米，罗斯海附近有两座火山，一座是“墨尔本火山”，另一座是“埃里伯斯火山”。墨尔本火山是一座活动火山，埃里伯斯火山现在仍然在喷发着。可以表明，这一带的岩浆活动得很剧烈，这就会产生高地热。受这种高地热的影响，范达湖的水温就会出现上冷下热的现象。但是这两种观点都遭到质疑，并不令人信服，范达湖水温高的成因到底如何，现在还没有确切的答案。

南极除了范达湖外，还有一些“不冻之湖”。在范达湖以西约 10 千米的地方，有一个小湖叫汤潘池。汤潘池水深只有 30 厘米，池面为圆形，直径百米至数百米。池水盐度很高，把它泼在地上，眨眼之间，便在地面形成薄薄的盐层。人们观察过，在零下数十度，池水也不会结冰。甚至在－57℃的气温下，仍不会结冰，被人们称为“不冻之湖”。

死亡三角区

地中海三角区

看似风平浪静的地中海，潜藏着一块死亡三角区，在这个死亡三角区里有超过80艘船只和不少飞机被不明不白地吞没。

被陆地环绕的地中海，一直被人们视作风平浪静的内海。谁知在这里居然也有个死亡三角区，这个三角区位于意大利本土的南端与西西里岛和科西嘉岛3座岛屿之间，称作泰伦尼亚海。

该海域被称为地中海的“死亡三角区”。飞机经过这里时，机上的仪表和无线电都会受到奇怪的干扰，甚至定位系统也常出毛病，以致搞不清自己所处的方位，被飞行员惊恐地称之为“飞机墓地”。

说不清飞机出事的原因

1969年5月15日18时左右，西班牙海军的一架“信天翁”式飞机在阿尔沃兰海域莫名其妙地栽进了大海。机长麦克金莱上尉侥幸活着，被医院抢救后他根本说不清飞机出事的原因。

▲ [地中海]

▲［“信天翁”式飞机］

1975年7月11日上午10点多钟，西班牙空军学院的4架“萨埃塔式”飞机正在进行集结队形的训练飞行。突然一道闪光掠过，紧接着，4架飞机一齐向海面栽了下去。营救人员很快就找到了5名机组人员的尸体。但是这4架刚刚起飞几分钟的飞机为什么要齐心合力朝大海扑去呢？

“马埃纳”号遇难

一艘名为“马埃纳”号的捕龙虾的渔船在此不幸遇难，却一直没有一个合情合理的解释。

1964年7月26日22点30分，地中海三角区附近的特纳里岛的一个海岸电台收到从一艘船上发来的一个含糊不清的呼救信号。但它既没有报出自己的船名，也未说出所在的方位。23点整，该电台又收到一个相同的告急信号，之后就什么也听不到了。

第二天上午10点海岸电台收到另一艘渔船发来的电报，说他们在距离博哈多尔角以北几里的地方发现了7具穿着救生衣的尸体。有人认出他们是“马埃纳”号上的船员。电文还说7具尸体旁边，还浮着一只空油桶和6个西瓜，此外什么都没发现。

为了寻找可能的生还者，几十艘船在这里又整整搜寻了三天，均一无所获。后来在非洲海边的沙滩上又发现了两个人的尸体。最后仍有4人始终没有下落。

“我们正朝巨大的太阳飞来”

1969年7月29日15时50分左右，西班牙海军的另一架“信天翁”式飞机又在同一海域执行反潜警戒任务时神秘失踪。机上乘员最后呼叫是“我们正朝巨大的太阳飞来”，令人们无法理解。西班牙军事当局动用10余架飞机和4艘水面舰船搜寻了广阔的海域，仅仅找到失踪飞机上的两把座椅。

81名乘客和机组人员踪迹全无

1980年6月某日上午8时，一架意大利班机准时从布朗起飞，目的地是西西里岛的巴拉莫城，当机长向塔台报告了自己的位置在庞沙岛上空之后，就再也没有消息了，谁也不知道这架飞机是怎么失踪的。机上81名乘客和机组人员踪迹全无，飞机自然也无影无踪。

更奇怪的是，在风平浪静的海上，一些船只会突然失踪，甚至大船也不例外。

一艘接着一艘失踪

有一起失踪事件颇为蹊跷：在庞沙

岛西南偏西大约46海里处，两艘渔船在相互看得见的海上捕鱼，一艘名叫“沙娜”号的渔船上有8名船员在紧张作业，而另一艘名叫“加萨奥比亚”号的渔船则有11名船员，当时两艘渔船不仅通话联系，而且灯光也相互看得见。但是拂晓时分，“加萨奥比亚”号发现“沙娜”号不见了。

3小时后当局派出一架海岸巡逻直升机到这一海域搜寻。令人惊奇的是，这时不仅看不见“沙娜”号，就连不久前刚刚汇报“沙娜”号失踪的“加萨奥比亚”号也不见踪影，深感奇怪的直升机仔细搜索了每一片海域，飞机因油料不足，只好返回基地，同时通知了在附近海域的一艘19吨的大型捕鱼船“伊安尼亚”号协助搜索，第二天清晨，3架直升机再次来到这一区域搜索，奇怪的是，不要说前两艘失踪的船只找不到，就连“伊安尼亚”号也不见了。从此，这3艘船只连同船上的51名乘员，就这么不明不白地在风平浪静的海上失踪了，而且事后也是一点痕迹没有留下。

两艘潜艇在两天内于同一海域神秘失踪

在地中海土伦海域的海底有许多深沟，被认为是试验深潜器性能的好地方。1968年1月20日，法国“密涅瓦”号潜艇载有52名艇员在该地试验时突然失踪；也是在这片海域，就在前一天还失踪了一艘以色列潜艇“达喀尔”号。

当地政府获知情况后派出搜寻队，经过仔细搜寻没有找到任何遗物，就这样“密涅瓦”号和“达喀尔”号永远地从地球上消失了。

两艘潜艇在两天内于同一海域神秘失踪，使人们感到震惊和不可思议。

从1945年第二次世界大战结束到1969年的20多年和平时期中，地中海的“死亡三角区”上竟发生过11起空难，造成229人丧生。飞行员们都十分害怕从这里飞过。他们说，每当飞机经过这里时，机上的仪表和无线电都会受到奇怪的干扰，甚至定位系统也常出毛病，以致搞不清自己所处的方位。这大概就是他们把这里称作“飞机墓地”的原因吧。

莫名返航的船只

地中海7月份的气候总是风和日丽的，1972年的7月26日上午，“普拉亚·罗克塔”号货轮从巴塞罗那朝米诺卜岛方向行驶。到了下午，不知怎么回事，这艘货轮掉转船头驶到原航线的右边去了。原来船上的导航仪奇怪地受到了干扰，并且船长和所有的船员没有一个人发现方向错误。

魔鬼海域
百慕大三角

近百年来，百慕大三角屡屡发生海难事件，船只在极短的时间里便消失得无影无踪，似乎一下子“融化”在海洋里。

▲ [“魔鬼三角”名字由来]

1945年12月5日美国19飞行队在训练时突然失踪，当时预定的飞行计划是一个三角形，于是人们后来把这个三角地区，称为“百慕大三角区”或“魔鬼三角”。

据近年研究表明，实际该位置并非三角形，百慕大三角是梯形的，范围远至墨西哥湾、加勒比海。

百慕大三角又称“魔鬼三角”，有时又称百慕大三角区，位于北大西洋的马尾藻海，是由英属百慕大群岛、美属波多黎各及美国佛罗里达州南端所形成的三角区海域，面积约390万平方千米。这里经常发生超自然现象及违反物理定律的事件。

发现沉船

1950年，百慕大本地人特迪·塔克首次在百慕大海底发现来自新大陆的沉船以及船内的珍宝：金币、陶器，几百年前酿造的瓶装陈酒。

特迪·塔克的发现引起了世界轰动，随即就在美洲掀起了一股寻找沉船和珍宝的探险考察热潮。

至少有2000人在此丧生或失踪

“百慕大三角”是地球上最具传奇色彩的区域之一，从1880—1976年间，有数以百计的船只和飞机在这里失事，数以千计的人在此丧生。百慕大三角共发生了约158次失踪事件，其中大多是发生在1949年以来的30年间，这期间共发生失踪97次，至少有2000人在此丧生或失踪。

消失的人时过 8 年又出现了

1981 年 8 月，一艘名叫“海风”号的英国游船在“魔鬼三角”——百慕大海域突然失踪，当时船上 6 人骤然不见了踪影。时过 8 年，这艘船在百慕大海域又奇迹般地出现了！船上 6 人安然无恙。这 6 个人共同的特点就是当时已失去了感觉，对已逝去的 8 年时光他们毫无觉察，并以为仅仅是过了一会儿。

▲ [百慕大海底金字塔 1]

1979 年美国和法国的科学家组成了一支联合考察队，对被誉为魔鬼三角的百慕大海域进行了科学考察，他们声称，在这片海域的海底，有一座水底金字塔，这座金字塔高 200 米，塔底边长 300 米，从塔尖到水面大概有 100 米的距离。最神奇的是，在这个塔身上有两个黑洞，大量的海水涌向这两个黑洞。有人认为，这就是所谓的“虫洞”，正是百慕大经常出现神秘失踪事件的罪魁祸首。

一分钟老了 5 ~ 20 年

在百慕大“魔鬼三角”区还出现过这样的怪事：一艘苏联潜水艇一分钟前在百慕大海域水下航行，可一分钟后浮上水面时竟在印度洋上。在几乎跨越半个地球的航行中，潜艇中 93 名船员全部都骤然衰老了 5 ~ 20 年。

到目前为止，对百慕大三角的解释大致可分为两类观点。一类观点认为是由于超自然原因造成的，比如外星人、飞碟作怪。一类认为是自然原因造成的，包括地磁异常、海底空洞、沧海说、晴空湍流说、水桥说、黑洞说、次声说、甲烷爆炸说等，众说纷纭。

▲ [百慕大海底金字塔 2]

可怕的南极百慕大
威德尔海

一提起魔海，人们自然会想到大西洋上的百慕大“魔鬼三角”，这片凶恶的魔海，不知吞噬了多少舰船和飞机。它的“魔法”究竟是一种什么力量，科学家们众说纷纭，至今还是一个不解之谜。在南极也有一个魔海，这个魔海虽然不像百慕大三角那么贪婪地吞噬舰船和飞机，但它的“魔力”也足以令许多探险家视为畏途，这就是威德尔海。

威德尔海位于大西洋的最南端，深入南极大陆海岸，形成凹入的大海湾。1900 年以发现者威德尔的名字命名该海域。

▲ [可怕的流冰群]

在威德尔海的冰海中航行，风向对船只的安全至关重要。在刮南风时，流冰群向北散开，这时在流冰群之中就会出现一道道缝隙，船只就可以在缝隙中航行，如果一刮北风，流冰就会挤到一起把船只包围，这时船只即使不会被流冰撞沉，也无法离开这茫茫的冰海，至少要在威德尔海的大冰原中待上一年，直至第二年夏季到来时，才有可能冲出威德尔海而脱险。但是这种可能性是极小的，由于船只食物和燃料有限，特别是威德尔海冬季暴风雪的肆虐，使绝大部分陷入困境的船只难以离开威德尔海，只能永远“长眠”在南极的冰海之中。

可怕的流冰群

威德尔海的魔力首先在于它流冰的巨大威力。南极的夏天，在威德尔海北部，经常有大片大片的流冰群，这些流冰和冰山相互撞击、挤压，发出一阵阵惊天动地的隆隆响声，船只在流冰群的缝隙中航行异常危险，不知什么时候就会被流冰挤撞损坏或者驶入“死胡同”，使船只永远留在这片南极的冰海之中。

1914年英国的探险船“英迪兰斯”号就被威德尔海的流冰所吞噬。

在威德尔海及南极其他海域，一直流传着“南风行船乐悠悠，一变北风逃外洋”的说法。直到今天，各国探险家

▲ [逆戟鲸]

逆戟鲸还有两个别名，一个叫“虎鲸”，另一个十分可怕，叫“杀人鲸”！逆戟鲸是一种大型齿鲸，身长为8～10米，体重9吨左右，背呈黑色，腹为灰白色，有一个尖尖的背鳍，背鳍弯曲长达1米，嘴巴细长，牙齿锋利，性情凶猛，是食肉动物，善于进攻猎物，是企鹅、海豹等动物的天敌。有时它们还袭击其他鲸类，甚至是大白鲨，可称得上是海上霸王。

们还遵守着这一信条，足见威德尔海的魔力。

可怕的海上“屠夫”

在威德尔海，不仅流冰和狂风对人施加淫威，而且鲸群对探险家们也是一大威胁。夏季，在威德尔海碧蓝的海水中，鲸成群结队，它们时常在流冰的缝隙中喷水嬉戏，别看它们悠闲自得，其实凶猛异常。特别是逆戟鲸，这是一种能吞食冰面任何动物的可怕鲸，也是有名的海上“屠夫”。

当它发现冰面上有人或海豹等动物时，会突然从海中冲破冰面，伸出头来一口吞食掉。它那细长的尖嘴，贪婪地吞噬海豹和企鹅，其凶猛程度令人毛骨悚然。正是逆戟鲸的存在，使得被困在威德尔海的人难以生还。

大自然演绎的闹剧

绚丽多姿的极光和变化莫测的海市蜃楼，是威德尔海的又一魔力。船只在威德尔海中航行，就好像在梦幻的世界里飘游，它那瞬息万变的自然奇观，既使人感到神秘莫测，又令人惊魂丧胆。有时船只正在流冰缝隙中航行，有时冰群周围出现陡峭的冰壁，似乎落入了绝境，使人惊慌失措。有时冰壁又消失得无影无踪，使船只转危为安。有时船只明明在水中航行，突然间好像开到冰山顶上，顿时把船员们吓得魂飞魄散。还有当晚霞映红海面的时候，眼前会出现金色的冰山，倒映在海面上，好像向船只砸来，给人带来一场虚惊。在威德尔海航行，大自然不时向人们显示它的魔力，戏弄着人们，使人始终处在惊恐不安之中。

正是这一场场闹剧，不知将多少船只引入歧途，有些船只为了避开虚幻的冰山而与真正的冰山相撞，有的船只受虚景迷惑而陷入流冰包围的绝境之中。威德尔海是一个冰冷的海、可怕的海、奇幻莫测的海，也是世界上又一个神奇的魔海。

2005年1月21日，中国极地考察船“雪龙”号在威德尔海域开始沿西经8°线向南航行。22日，考察队的“雪龙”号首次穿越了南纬70°线，进入了威德尔“魔鬼”海域的纵深之地，创造了中国船舶向南航行的纬度最高纪录。在威德尔海沿南极大陆的弧形海湾里，大大小小的冰块满布于海面。“雪龙”号小心翼翼地躲开大冰山，在这片“魔鬼”海域进行着海洋考察，基本完成了海水取样、生物资源调查等科考项目。24日，中国南极考察队在威德尔海的一座冰山上投放了首枚浮标。这枚由中国自行研制的极区浮标，可以连续不断地从漂移的冰山上，通过卫星向国内发送冰山的温度变化和具体方位。自此，中国成为世界上为数不多的战胜威德尔“魔鬼”海域的国家之一。

最接近死亡的魔鬼海域

日本龙三角

自20世纪40年代以来，无数巨轮在这片清冷的海面上神秘失踪，它们中的大多数在失踪前没有发出求救信号，也没有任何线索可以解答它们失踪后的相关命运。

日本龙三角位于日本列岛和小笠原群岛之间，日本人叫它“魔鬼海”，是从日本千叶县南端的野岛崎冲及向东1000余千米再与南部关岛的3点连线之间的区域。它是一个与百慕大极为相似的三角区域，这就是令人恐惧的日本龙三角，被称为“最接近死亡的魔鬼海域”和“幽深的蓝色墓穴”。

自20世纪40年代以来，无数巨轮在这个空旷清冷的海面上神秘失踪，它们中的大多数在失踪前没有发出求救信号，也没有任何线索可以解答它们失踪后的相关命运。

▲ [查尔斯·伯利兹]

龙三角第一次闻名于世，是1989年查尔斯·伯利兹出版了《龙三角》一书后。而伯利兹正是《百慕大魔鬼三角》的作者，该书于1974年重新揭示了百慕大魔鬼三角的诸多神秘事件。

▲ [阿米莉娅 · 埃尔哈德]

阿米莉娅·埃尔哈德在美国可谓家喻户晓，这位传奇的女飞行员几乎飞遍了整个世界。在美国航空航天博物馆就保存着她当年独自飞越大西洋的坐驾的复制品。此外她还是世界上第一个独自驾机横跨美洲大陆的女飞行员。

“亚洲王子”号消失

在 1928 年 2 月 28 日，一艘 6000 吨级的美国轮船“亚洲王子”号，途经这片海域时莫名消失了。当时一艘名叫“东部边界城市”号的轮船，曾经收到“亚洲王子”号发出的呼救信号，这个信号重复了几次就消失了。驻夏威夷的美国海军动用很多力量前往搜寻，但一无所获。

有 1/5 因非战斗因素失踪

在第二次世界大战中，交战双方的潜水艇同样在这里遭遇了厄运。据美军统计：凡在此执行任务或路经此处的美军潜艇中，有 1/5 因非战斗因素失踪，总数达 52 艘之多。这个数量让人触目惊心。

消失的阿米莉娅 · 埃尔哈德

1937 年 7 月 2 日 12 时 30 分。传奇飞行员阿米莉娅 · 埃尔哈德和领航员佛瑞德 · 努南离开了新几内亚，开始了环球飞行的最后一段旅程。她们的飞行计划是从龙三角上空飞过，飞行 4000 多千米后再加油，然而她们俩驾驶的飞机在太平洋上消失了。

据报告，1881 年 6 月 11 日凌晨 4 时，“皇家巴克斯”号轻型巡洋舰在“龙三角”最深的海区碰到了传说中发光的幽灵船“飞翔荷兰人”号。

据说日本一架 HK-8 侦察机在“龙三角”上空执行任务时，发回的电报内容十分骇人。飞机靠近硫黄岛之际，飞行员突然给指挥部传回电讯：“天空发生了怪事……天空打开了……”，随后，电讯戛然而止。此后，这架飞机失联，机上全部人员也随之消失。

▲ [“德拜夏尔”号]

“德拜夏尔”号是英国历史上最大一艘船只。它大小相当于“泰坦尼克”号的两倍，长度超过3个足球场，驻足在这艘轮船的甲板上，任何人都会感到非常安全。当时几乎所有人都认为它设计完美，能抵挡任何已知的飓风。

永远没能降落到东京机场

1957年3月一架美国货机途经龙三角飞向日本东京，机上有成员67名，飞机所有的设备都处于正常状态，飞机所处区域天气晴朗，对于飞机飞行而言，条件几近完美。驾驶员在距东京300千米的地方发出信号，空中交通控制中心回复说希望它能够在2小时以内到达。然而，这架美国飞机却永远没能降落到东京机场。

飞行条件几近完美的飞机究竟发生了什么事情，直到今天依然无人知晓。

“德拜夏尔”号巨轮消失

“德拜夏尔”号巨轮相当于“泰坦尼克”号的两倍大小，这艘巨轮的设计堪称完美，在海上航行了4年，正是机械状况最为理想的时期。1980年9月8日，“德拜夏尔”号装载着15万吨铁矿石，来到了距离冲绳海岸200海里的地方，岸上的人们接到了船长发出的消息（我们正在与每小时100千米的狂风和9米高的巨浪搏斗）后，“德拜夏尔”号及全体船员便消失得无影无踪。

日本海洋科技中心通过深海探测器给予了最新的调查结果：在日本龙三角西部深海区，岩浆随时可能冲破薄弱的地壳。这种事情毫无先兆，威力之巨足够穿透海面，形成海啸。但转瞬间又可平息下来，不会留下任何痕迹。

仅仅过了几年，它的两艘姐妹船只同样在此遇难。

中国货船“林杰”号消失

2002年1月，一艘中国货船“林杰”号及船上19名船员，在日本长崎港外的海面上突然消失了。没有求救呼叫，没找着残骸，货船就仿佛在人间蒸发了，人们无法知道他们遭遇了什么。

究竟是什么力量将船只沉入海底？那些飞机为什么会不留痕迹、凭空消失？大洋之下到底隐藏着多少秘密？是海底黑洞、异常磁场、外星人飞碟的影响？

骷髅海岸

大西洋冷水域

在非洲纳米比亚的纳米布沙漠和大西洋冷水域之间，有一片白色的沙漠，是世界上为数不多的最为干旱的沙漠之一，一年到头都难得下雨。当地人将其称之为“土地神龙颜大怒”的结果。

▲ [骷髅海岸公园大门]

骷髅海岸长约500千米，宽约200千米，这里寸草不生，是世界上为数不多的最为干旱的地区之一。

进入这一地区的人员和车辆都必须在门口登记，不是为了收费，而是为了保证进入人员的安全，里面没有手机信号，车辆如果发生意外靠双脚是无法走出这一地区的，所以这里每天都要对进出人员进行核查。

1933年，一位瑞士飞行员诺尔从开普敦飞往伦敦时，飞机失事，坠落在这个海岸附近。有人指出诺尔的骸骨终有一天会在“骷髅海岸”找到，骷髅海岸从此得名。可是诺尔的遗体一直没有发现，但给这个海岸留下了名字。

从空中俯瞰，骷髅海岸是一大片褶痕斑驳的金色沙丘，是一个从大西洋向东北延伸到内陆的砂砾平原。这条500千米长的海岸备受烈日煎熬，显得那么

▲ [骷髅海岸搁浅的船]

骷髅海岸处处都充斥着危险，有交错水流、8级大风、令人毛骨悚然的雾海和深海里参差不齐的暗礁，使来往船只经常失事。

荒凉却又异常美丽。

在海岸沙丘的远处，7亿年来海风把岩石刻蚀得奇形怪状，犹若妖怪幽灵，从荒凉的地面显现出来。而在南部，连绵不断的内陆山脉是河流的发源地，但这些河流往往还未进入大海就已经干涸了。这些干透了的河床就像沙漠中荒凉的车道，一直延伸至被沙丘吞噬为止。还有一些河，例如流过黏土峭壁狭谷的霍阿鲁西布干河，当内陆降下倾盆大雨的时候，巧克力色的雨水使这条河变成滔滔急流，才有机会流入大海。 科学家们称这些干涸的河床为“狭长的绿洲”。

南风从远处的海吹上岸来，纳米比亚布须曼族猎人叫这种风为“苏乌帕瓦”，风吹来时，沙丘表面向下塌陷，沙粒彼此剧烈摩擦，发出咆哮之声。失事船员，即使有幸在海中挣扎着登上这片陆地，也逃脱不了死亡的命运。他们慢慢被风沙折磨致死。因此，骷髅海岸布满了各种沉船残骸和船员遗骨。1943年在这个

▲ [骷髅海岸人骨]

▲ [骷髅海岸动物骨架]

海岸沙滩上发现12具无头骸骨横卧在一起，附近还有一具儿童骸骨，不远处有一块风雨剥蚀的石板，上面有一段话："我正向北走，前往60里外的一条河边。如有人看到这段话，照我说的方向走，神会帮助他。"这段话写于1860年，至今没有人知道遇难者是谁，为什么都掉了头颅，也不知道他们是怎样遭劫而暴尸海岸的。

骷髅海岸沿线充满危险，有交错的水流、超级大风、令人毛骨悚然的雾海和深海里参差不齐的暗礁。来往船只经常失事，因此，骷髅海岸布满了各种沉船残骸和船员遗骨。

时日至今，过去在捕鲸中因失事而破裂的船只残骸，依然杂乱无章地散落在这条世界上最危险的荒凉海岸上。在这里，由海市蜃楼现象所形成的赭色沙丘则是世界上最为独特的景色之一，只有羚羊、沙漠象和极其勇敢的旅游者才能踏入这一禁区。

在19世纪，德国人曾经入侵非洲，但他们却从来没有占领过骷髅海岸。据说，有一支德国军队进入了骷髅海岸，想探察这里的地形。但最后，他们都迷失了方向，怎么也找不到回去的路。结果这支部队都渴死在了这里。

1942年，英国有一艘"邓尼丁星"号货船在经过这里时，触到了礁石沉没了。船上有一些人侥幸逃脱了危险，包括21位乘客和42名船员。人们听到这个消息后，立即组织了救援队，派出了3架轰炸机和几艘轮船前去救援。但是，让人感到奇怪的是，人们花了整整4个星期的时间，才找到了生还的船员和遇难者的尸体。而且在这次救援中，还有一艘轮船撞到了礁石，有3名船员失去了生命。

骷髅海岸因身处大漠，经常有各种动物的骷髅横尸遍野，除了受荒漠吸引而来的古怪观光客外，这里只有游牧的辛巴族。他们以红赭土和牛油保护皮肤不受暴虐的太阳摧残，几个世纪以来，他们都在骷髅海岸及邻近区域流浪。

泾渭分明

大海交汇

一清一浊的泾、渭河水，形成了绵延数里的自然景观，但在人们欣赏美景的同时，墨西哥湾与密西西比河的交汇也触发了些危险信号，保护海洋、合理地开发利用水资源，是我们必须要引起重视的重要课题。

▲［密西西比河与墨西哥湾海水交汇处］

泾渭分明是一个成语，也是一种自然现象，成语中的渭河和泾河交汇时，两水一清一浊，分界线清晰，绵延数里，甚为壮观。这种现象在大自然中还有很多，不过它们的成因却不只是清水和浊水这么简单。

比如出现在我国甘肃永靖县境内的洮河与黄河交汇处，水面上出现了分明的黄、青绿两色分界。之所以出现青绿色的黄河水，是因为此地处于黄河上游地区，还未流经黄土高原，而流经陕西黄土地区的洮河，则裹挟着大量的泥沙，状如黄河，所以两河河水不相融合。

再如，在密西西比河与墨西哥湾的交汇处，形成了蓝色与绿色的两条海水带，专家解释，形成这种奇观的原因有两点：

首先，密西西比河与墨西哥湾的海水颜色存在差异。密西西比河在陆地上经过“长途跋涉”，水体中裹挟了大量的泥沙和有机物，使得水体呈现黄褐色，而墨西哥湾的海水则相对较为清澈，呈现出漂亮的深蓝色，所以成分的不同造成了水体在颜色上的差异。

其次，由于密西西比河是淡水，密度比墨西哥湾的海水小很多，即便里面裹挟着泥沙，由于流速降低，较粗颗粒的泥沙就会沉下去，能跟河水继续流淌的只剩下些悬浮颗粒，所以两者的密度对比，河水还是小于海水的。

两种水流在交汇时，密度越是相近越容易扩散，相差越大，会在两者间形成一个狭窄的过渡带，在海水中，这种过渡带就叫作“海洋锋”。所以这种泾渭分明的情况多发生在入海口或是两河交汇之处，而发生在密西西比河与墨西哥湾的过渡带则是狭窄而清晰的，并且有相对平直的弧度，仔细观看还能看出有一层黄绿色的物质。

这是由于密西西比河承接了美国41%的污水倾倒，并且雨水将田地中的氮、磷、钾冲进地表，最终汇入密西西比河，所以形成了河水的水体富营养化。

什么是水体富营养化呢？水体富营养化简单来说就是水体中含有的营养盐物质过多，使水体失去平衡，会导致单一特种疯长，长此以往，会使整个水体生态系统逐渐灭亡。所以，水体富营养化的密西西比河汇入墨西哥湾，导致了泾渭分明的景观，但也会非常危险地增加爆发赤潮的可能性。

▲ [洮河与黄河交汇处]

千年之火的熄灭

亚历山大港灯塔

亚历山大港灯塔位于法洛斯岛上，这座高达 135 米的巨型灯塔曾日夜不熄地燃烧了近千年，是人类历史上从未有过的，也是世界第七大奇迹。

燃烧千年的传说

公元前 280 年一艘搭乘着从欧洲娶来新娘的埃及皇家喜船，在驶入亚历山大港时，触礁沉没了，全船乘员葬身鱼腹。这一悲剧震惊了埃及朝野上下。当时的埃及国王托勒密二世下令在亚历山大城

▲ [亚历山大港灯塔]
2006 年采用三维技术制作的复原图。

港口的入口处，修建导航灯塔。

经过40年的努力，一座雄伟壮观的灯塔竖立在法洛斯岛的东端。它立于距岛岸7米处的石礁上，人们将它称为“亚历山大法洛斯灯塔”。

公元700年，亚历山大城发生了地震，灯室和波西顿立像塌毁。关于此事，传说东罗马帝国一位皇帝企图攻打亚历山大港，但惧于其船队被灯塔照见，于是派人向倭马亚王朝的哈里发进言，谎称塔底藏有亚历山大大帝的遗物和珍宝。哈里发中计下令拆塔，但在黎民百姓的强烈反对下，拆到灯室时便停止。公元880年，灯塔修复。公元1100年，灯塔再次遭强烈地震的破坏，仅残存下面第一部分，灯塔失去往日的作用，成了一座瞭望台，在台上修建了一座清真寺。公元1301年和1435年又发生了两次地震，导致塔全毁。

但是，也有人认为这个灯塔并不存在，是人们想象出来的。因为除了文字记载，并没有人见过它的实物。各方学者对此灯塔的存在与否颇有争议的时候，事情发生了转变。

▲ [钱币上的亚历山大港的灯塔]
公元2世纪亚历山大城铸的硬币上的灯塔。

公元15世纪，埃及国王玛姆路克苏丹为了抵抗外来侵略，保卫埃及及其海岸线，下令在灯塔原址上修建了一座城堡，并以他本人的名字命名。埃及独立之后，城堡改成了航海博物馆。

挖掘灯塔遗迹

1996年，潜水员在亚历山大港东部港口的海床上发现了一些灯塔的遗址。

埃及科学家经过对遗址的考古，并绘制了复原图，发现亚历山大港灯塔塔基14米高，实质上是覆盖在大岩礁上的

▲ [阿拉伯《奇迹之书》中描绘的灯塔]

▲ [特里同]

特里同是古希腊神话中的海之信使，是海皇波塞冬和海后安菲特里忒的儿子。他特有的附属物是一个海螺壳。

一座三四层高的大棂。在塔基正中拔起的下层塔身有71米高，同样为方形，上端四角各有一尊“波塞冬之子吹海螺”的青铜铸像，朝向四个不同的方向，用以表示风向和方位。中层塔身又缩成细柱形，9米高。在中层塔身的八角方位上立起八根石柱，共同支起一个圆形塔顶。这个洋葱头形的圆塔顶，成了后来清真寺建筑的重要参考借鉴物。上层塔身之上是一圆形塔顶，其中一个巨大的火炬不分昼夜地冒着火焰。

埃及有关部门根据考察资料绘出了亚历山大港灯塔的复原图，后来法国和埃及学者联合水下考古也证明了亚历山大港灯塔是“确实存在”的。

▲ [海水中的灯塔遗迹]

埃及法老的诅咒

失落的“法老城”

在古希腊的寓言、神话和史诗中都先后多次提到“法老城”，但是不论是希腊历史还是埃及历史上都没有这个城市群的任何记载。

千百年来，古希腊的寓言、神话和史诗中都先后多次提到过地中海边上曾经有过一个文明极其强盛的城市群——埃及的“法老城”。按照古希腊史诗中的描述，“法老城”高度发达的文明将同时代世界其他地方的文明远远地抛在后面，其城市现代化的程度甚至可以达到20世纪城市建设的水平！最有意思的是，从来没有人提过这个城市群何时兴起，居住在这里的人们来自何方，他们为什么突然拥有了高度发达的文明。

“法老城”的名字在希腊占星家的

▲ [希罗多德]

希罗多德，公元前5世纪（约前484—前425年）的古希腊作家，他把旅行中的所闻所见，以及第一波斯帝国的历史记录下来，著成《历史》一书，成为西方文学史上第一部完整流传下来的散文作品。

◀ [托勒密十二世]

托勒密十二世（前117—前51年），古埃及托勒密王朝国王（第一次在位时间为前80—前58年，第二次在位时间为前55—前51年），是托勒密九世·救星二世的儿子。其统治十分残暴，面对强大的罗马，他不得不卑躬屈膝。前58年人民推翻了他，拥戴其女儿贝勒尼基四世为女王。然而托勒密十二世在庞培军事支持下又夺回王位，于前55年残酷处死自己的女儿。在其去世前，他立另一个女儿克利奥帕特拉七世（埃及艳后）为共同执政者。

口中世代流传：斯巴达国王梅内厄斯攻入特洛伊城夺得美女海伦后的归国途中就曾在伊拉克利翁歇脚。梅内厄斯国王的大力水手“老人星”因被一条毒蛇咬伤而最终变成了金星，因此，“法老城”城市群中后来就有两座城市分别以“老人星”及其妻子门诺里斯的名字命名；古希腊地理学家和历史学家也在著作中描述了“法老城”的具体位置和城市居民们富庶的生活方式；古罗马著名的政治家、哲学家及剧作家则鞭挞了“法老城”居民们奢侈糜烂的生活方式，诅咒他们迟早会遭到“神的报应”。

▲［埃及艳后］

克利奥帕特拉七世是埃及国王托勒密十二世和克娄巴特拉五世的女儿，亚历山大大帝征服埃及后托勒密王朝册封的君主之一，埃及托勒密王朝最后一位女王。她才貌出众，聪颖机智，擅长手段，心怀叵测，一生写就传奇二字。与恺撒、安东尼关系密切，并伴以种种传闻逸事，使她成为文学和艺术作品中的著名人物。在她死后，埃及成为罗马行省。

希腊史诗中的诗人则特别推崇“法老城”中的伊拉克利翁，他们描述说：伊拉克利翁是当时地中海最重要最繁华的港口城市，这里非常富足，艺术非常发达，并且因为修建有数不清的敬奉专司人间生育的伊西斯女神、冥神鬼判奥西里斯和土地之神塞特的特大型庙宇而成为世界上许多宗教的朝圣之地。这里的人们崇拜天上的“星星”，他们常常自称祖先来自“神秘的天上”，他们的祖先还给他们留下了神秘的“文明”，因此他们得以过着非常富足安逸的生活：他们及时行乐，欢度佳节，观看斗牛和各种演出，参加文体和娱乐活动，享受青春和生命给予他们的一切。他们的妇女身穿带有荷叶边的长袍和蓬松袖子的上衣或者紧身胸衣，卷曲的秀发轻拂着前额，看演出的时候，她们坐在前排，她们的手套有时戴在手上，有时放在折椅上，一边谈天一边指着什么，好一派现代大都市人生活的情景!

让人费解的是在希腊和埃及的正史里却没有“法老城”的任何文字记录，只有“历史之父”希罗多德所著的《历史》中描述了“法老城”中的港口伊拉克利翁和建于该城中的极为壮观的“大力神”的庙宇殿堂等。

就是这样一个生活在舒适和平里的文明民族在2500年前却神秘地消失了。“法老城”所有的城市突然在同一时间内全部毁坏。过了没多久，这个古老的文明中心就永远从历史上消失了。

为了找回失落的“法老城”城市群，世界考古学家们耗去了数代人的心血。1988年，一个由世界顶尖考古学家组成的专家小组借用包括电磁波在内的现代化技术，在埃及北部亚历山大港海岸30米深的海底发现了“法老城”可能的所在地。在海底他们发现了一个被时间凝固的城市：保持得完完整整的房子，富丽堂皇的庙宇，相当现代化的港口设施和描述当年市民生活的巨型雕像！考古学家们还在海中打捞出黑色的狮身人面像和伊西斯神像，据推测建造者可能是埃及艳后克利奥帕特拉的父亲——托勒密十二世法老。

根据发掘的文物判断，“法老城”城市群应该修建于公元前7世纪或者6世纪的法老年代，到了公元前331年，亚历山大大帝修建了亚历山大港后，“法老城”中最繁华的伊拉克利翁开始逐渐变得衰败了下去，最后可能在一夜之间毁于一场超大规模的自然灾难。

根据推测和判断，伊拉克利翁和“法老城”的其他城市最有可能是毁于大地震，因为从海底保存完好的建筑残骸来看，多数的房子和墙倒向一个方向。大地震发生后，“法老城”迅速沉入海底。这次超大规模的地震应该发生在7世纪或者8世纪，因为潜水员在“法老城”里发现的银币或者珠宝都是拜占庭时代的，没有比这更晚的了。

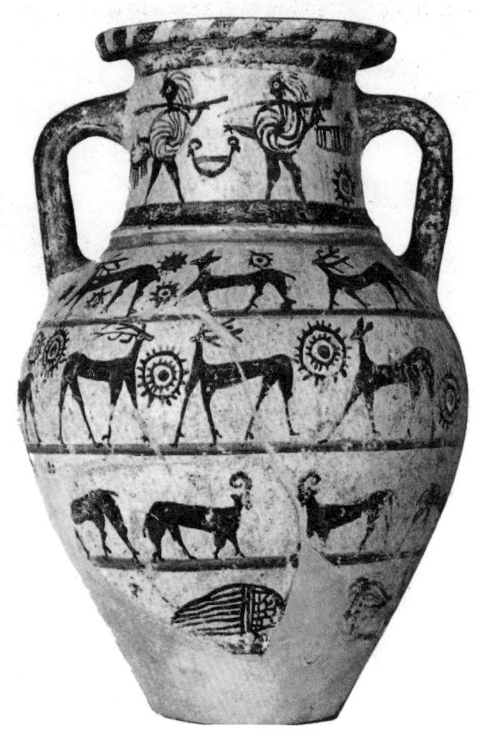

▲ [埃及陶罐]

巨人之路

爱尔兰北部海岸

“巨人之路”及其海岸位于英国北爱尔兰贝尔法斯特西北约80千米处的安特里姆高原海岸边。

▲［巨人之路］

“巨人之路”北临浩瀚的大西洋，长达8千米的路段绵延伸展于崖岸下的礁岩海滩上。一眼望去，黑黝黝的岩礁给人一种强烈的视觉冲击。这段漫长的海滩布满了规则的玄武岩六边形棱柱体，据说，一共有38 000余根。每根柱体还有清晰的节理，在亿万斯年海涛的冲击下，各个柱体的节理断裂不一，因而在一片又一片岩石滩上，柱体高低错落，整齐之中又有了无穷变化。

“巨人之路”又被称为巨人堤道或巨人岬，这一神奇的自然景观形成于

▲ [巨人之路]

6000万年前，火山喷发形成了独特的玄武岩柱网络。而其名称起源于爱尔兰民间传说：远古时期北爱尔兰有个名叫“芬·麦克库尔”的巨人，他爱上了远在大海那边——苏格兰的一位美丽姑娘，为了把心仪的爱人接到北爱尔兰，巨人从贝尔法斯特抓起一把泥土撒向大海，泥块纷纷落入海中，形成了“巨人之路”，而贝尔法斯特的西郊也留下了美丽的内伊湖。

最能体现“巨人之路”奇异景观的区域，集中于洛弗尔海滩和崖岸一带。洛弗尔海滩西侧礁岩远远伸入大海，海浪拍击的礁岩为一片壮观的柱体巨石群，东侧平缓的柱体礁岩名为“踏步巨石”，西侧参差的柱体礁岩名为“愿望之椅”。

▲ [18世纪雕刻的巨人之路]

另一个传说：巨人堤道由爱尔兰巨人芬·麦克库尔建造，他将岩柱一个个移到海底，这样就能使他走到苏格兰去和对手芬·盖尔交战。当麦克库尔完工时，他决定休息一会儿，与此同时，他的对手芬·盖尔穿越爱尔兰来估量他的对手。当他看到麦克库尔巨大的身躯后吓坏了。尤其是在麦克库尔的妻子谎称沉睡的巨人是她出生的孩子后，盖尔开始感到恐惧，他匆忙撤回苏格兰，并毁坏了堤道，所剩的残余就是今天的巨人堤道。

幽灵潜艇

神出鬼没海上不明潜水物

在海洋中常有一些神出鬼没的不明潜水物出没，而在这些不明潜水物中，最经常出现的是潜水艇，并且它们曾在相当长的一段时间里，曾让美国、苏联等国为之耗费了大量的财力和军力，进行徒劳无功的追踪、搜索。

▲ [深海圆疑——水下不明潜水物剧照]

不明潜水物，简称USO。它不及UFO有名，但发现比UFO早。早在1902年就有发现，其特征是行动迅速，下潜速度远超各类已知潜水艇，能令无线电、雷达、声呐等各种电子设备失灵。

说起不明飞行物，可能没有几个人不知道，但是你听说过不明潜水物这个名词吗？实际上，不明潜水物经常出没在地球辽阔的海洋中，而在这些不明潜水物中，最经常出现的是潜水艇。

漂浮着的怪物

19世纪初，英国货轮“海神”号发现船头前方约10米处，漂浮着一个体形庞大、发着炫目的光辉物体。当“海神”号驶近时，漂浮着的怪物轻飘飘地落到水面，并且没有溅起一点浪花，然后无声无息地潜入水底不见了。当时看到的人目瞪口呆，不知道那怪物到底是有生命的还是无生命的。

两个圆形的不明飞行物

19世纪70年代，正在太平洋航行的荷兰船只“珍·恩”号上空，出现了两个圆形的不明飞行物。

它们中的一个物体发出剧烈的响声

和强烈的闪光，落到了水面，紧接着又潜入了水中。另一个不发光物体，稍后也突然一下子在空中消失了。

值得一提的是，19 世纪离人类制造出潜水艇尚有一段时间，而且这些不明潜水物与潜水艇的模样也相去甚远。

在整个 19 世纪，类似的报道还有许多。在这些报道中，对不明潜水物的描述都是圆形的；都能垂直不动地悬浮在空中，没有听到类似于人类所制造的动力系统的轰鸣声。

到了第二次世界大战期间，这时的不明潜水物的外形和现代人类制造的潜水艇已非常相似。

神秘的潜艇在旁边悄悄地观战

1942年6月，在太平洋中途岛海战中，日本的联合舰队与美国的航空母舰进行了激战。在这一过程中，一直有一艘神秘的潜艇在旁边悄悄地观战。

可当它被双方发现时，它却又一下子消失得无影无踪了。

始终只有一个出自喇叭的声音在指挥着

美日军舰在马里亚纳群岛交战时，这艘神秘莫测的潜艇又出现了，但它还是只作“壁上观”，不支持任何一方。

更奇怪的事情还在后面：当一艘日本舰艇中弹着火爆炸，官兵们纷纷跳海逃生时，这艘神秘的潜艇马上驶近现场，

▲ [潜艇]

救捞起了许多官兵。这些官兵被安排坐在两条救生艇里，潜艇悄悄地开走了。整个过程中，始终只有一个出自喇叭的声音在指挥着，而且这艘潜艇的速度和其他各种性能，是当时所有最先进的舰只也难以比拟的。

对幽灵潜艇的追踪搜寻

由于潜水艇在海战中神出鬼没的特殊功能，在第二次世界大战后，许多国家都竞相研制常规潜水艇和核潜艇。美国和苏联在这方面更是遥遥领先。但它们也知道，无论它们研制出的潜艇多么先进，都远远比不上幽灵潜艇。为了研究和借鉴幽灵潜艇的先进之处，美国和苏联先后展开了一场对幽灵潜艇的追踪搜寻，结果却犹如海底捞针，一无所获。

到了 20 世纪 60 年代初，幽灵潜艇更是频频出没于太平洋与大西洋的广阔海域，跟踪美国、苏联的乃至其他国家的军舰。

▲ [日本与那国岛水下遗迹——被认为是姆文明遗迹]

传说中的存在

消失的姆大陆

姆大陆是亚特兰蒂斯之外的又一个传说，是一个美丽富饶的地方，据说如今的人类文明某些不可解释的现象可能来自姆大陆人的文明，但是姆大陆在人类历史出现前就消失了。

传说中的姆大陆幅员辽阔，占据了南太平洋的大半部分，其面积相当于南北美洲面积的总和。在姆大陆曾经出现过一个极度繁荣的文明，据说姆大陆上的人创造了大型建筑物、金字塔、城堡、飞船，而且拥有非常先进的航海技术，他们的航海遗迹遍及世界各地。

最先提出姆大陆说法的是 19 世纪 70 年代英国海军上尉乔治·瓦特，他通过研究南亚次大陆发现的黏土片，发现上面记载了关于一块消失的大陆的信息，黏土片的作者是“神圣兄弟那加尔”，在黏土片上留下信息的原因是为了追忆失去的母亲——姆大陆。

姆文明诞生于夏天绿意盎然的大地，相传是地球上第一个大帝国，名为“姆帝国”。姆帝国的国王称“拉姆”，拉表示太阳，姆表示母亲，因此姆帝国被称为“太阳之母的帝国”。姆人崇拜宇宙的创造神——七头蛇“娜拉亚娜”。

当时的探索派学者列举太平洋群岛

大量的古代遗迹和民间传说，力证姆大陆的存在。如波纳佩岛由 98 座人工岛及其他建筑物组成的巨大遗迹——南马特尔，属于与小岛文化极不相称而与姆文明有某些联系的超古代文明，而且这些小岛上都有大岛沉没的传说。

乔治·瓦特开始周游太平洋寻找姆大陆的遗迹，他见过土阿黄土群岛的金字塔状祭坛、塔普岛的石门、迪安尼岛的石柱、雅布岛的巨型石币，以及努克喜巴岛的石像，都是超越当时文明的遗迹。生活在南亚次大陆最南端的泰米尔族，坚信其祖先在远古时期生活在赤道附近名叫“钠瓦拉姆”的大陆南部，其首都“南马德拉”后来沉入海底。乔治·瓦特将自己的发现加以整理，于 1931 年在纽约出版名著《消失的姆大陆之谜》，轰动一时。此后，他陆续推出《姆大陆的子孙》《姆大陆神圣的刻画符号》《姆大陆的宇宙力》等一系列专著。长期以来，这些著作被正统的学术界视为痴人说梦，但仍有人认为是一种严肃的假说，甚至认为姆文明正是当代人类文明之母。

20 世纪初，美国学者詹姆斯·柴吉吾德也提出了姆大陆存在的说法，他认为姆大陆存在于史前的太平洋区域，包括日本、冲绳、我国台湾等，都是整片相连的大陆，曾经有过高度文明，而且他认为姆大陆的消失是因为地壳变动和地震的影响。这一时期，还有英国的人种学家麦克米兰·布朗也提出了姆大陆存在的说法。

科学界对于姆大陆是否存在一直有争议，对于姆大陆是沉没了还是毁灭了也争执不休，至今也没有定论。

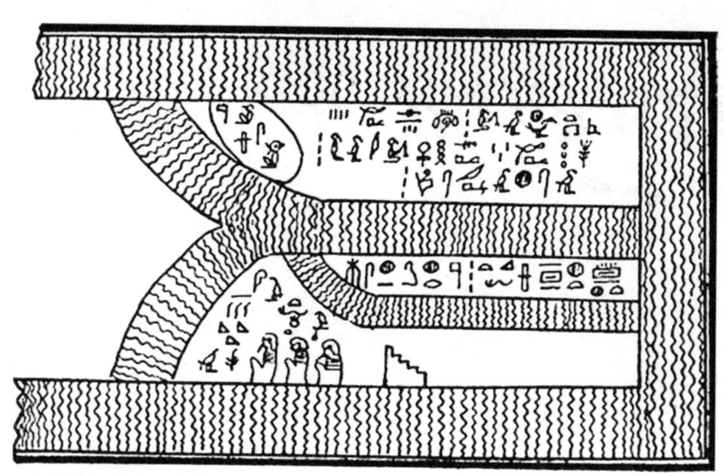

▲ ［埃及《亡灵书》中的姆大陆］

埃及《亡灵书》中描述的地图，即被许多人认为是传说中的姆大陆。

不可思议的智慧

南极古地图

人类在18世纪中叶才发现南极圈东边的一个岛，然而1513年土耳其海军上将皮里·赖斯就曾在一张精确的南极地图上签名，如此精确的南极地图出现在了它不应该出现的时代。

▲［南极］

1929年，土耳其国家博物馆的工作人员在整理伊斯坦布尔托普卡比宫时，偶然发现了几张绘在羊皮上的古代地图，描绘的是当时的南极地区，而地图上有土耳其海军上将皮里·赖斯的签名，日期是公元1513年。

发现南极的年代

要知道，直到1738—1739年，法国航海家布韦才发现了南极圈东边的一个岛，即今天的布韦岛。到了1820—1821年，美国的帕尔默、沙俄的别林斯高晋和高扎列夫、英国的布兰斯菲尔德等一举登上南极大陆，人类才真正发现了南极洲。

南极古地图的发现也使一些学者相信，南极是人类文明的发源地。可能是由于地壳突然发生变动，引发了一场巨大的灾难，洪水淹没了整个世界，也淹没了曾经传播文明的王国和人民。

皮里·赖斯的地图标记

18世纪以前，人们从未到过南极洲，甚至不知道它的存在。可奇怪又带点神秘的是，土耳其海军上将皮里·赖斯的签名的那张地图是如何绘制的呢？

皮里·赖斯是著名海盗马尔·赖斯的侄子。他在地图一角的附记里这样写道：“为绘制这幅地图，我参照了20幅古地图，其中的8幅绘于亚历山大大帝时期。”

▲ [亚历山大大帝]

亚历山大大帝（公元前356年—前323年），即亚历山大三世，马其顿帝国国王，亚历山大帝国皇帝，生于古马其顿王国首都佩拉，世界古代史上著名的军事家和政治家，是欧洲历史上最伟大的四大军事统帅之首（其余三位分别为汉尼拔，恺撒大帝，拿破仑）。

皮里·赖斯拥有一张航海图是很平常的事，但他这张海图却与众不同。这张地图上准确地画着大西洋两岸的轮廓，北美和南美的地理位置也准确无误，特别是将南美洲的亚马孙河流域、委内瑞拉湾的合恩角等地也标注得十分精确。

更令人惊叹不已的是，这张地图上竟然十分清楚地画出了整个南极洲的轮廓，而且还画出了现在已经被几千米厚的冰层覆盖下的南极大陆两侧的海岸线和南极山脉，其中尤以魁莫朗德地区最为清晰。

▲ [皮里·赖斯雕像]

这幅地图到底来自哪里

这幅地图的存在说明了，在南极大陆还没有被冰雪覆盖以前，曾经有人画出过当时的地理面貌。但是人类在 15 000 多年以前还处于原始石器时代，当时既到不了四周环海的南极地区，也不可能有绘制地图的先进文化，那么这幅地图的原作者又是谁呢？

这张地图大大超越了 1513 年当时人类有限之地理知识，实在令人感到匪夷所思。在现代科学无法解释时，就有人认为是外星人绘制了如此精密的地图。事实真相如何，等待人们来解答。

皮里·赖斯绘制了完整的古南极大陆地图，严重颠覆了人们的历史观念——南极大陆一直为厚厚的冰层所覆盖，真正南极大陆轮廓被绘制出来，是在人们掌握了地震勘测技术之后。如果古人发现南极大陆并完整绘制其地图，则当时南极应当还没有为冰层所覆盖，按照符合这个气候的年代倒推，这至少是在公元 4000 年以前的事情。

爱因斯坦和不少的科学家坚信，如今冰天雪地毫无生机的南极曾经是人类文明的发祥地！爱因斯坦认为，一万多年前，北极不在北极点上，而在今天的加拿大北海岸附近；南极也不在南极点上，而位于温带地区。

奇异的海底游魂

保存尸体的岩石

参加高空跳水的运动员跃入水中却再也没有浮上来，调查时却发现水底有许多“海底游魂”，这一切让人毛骨悚然。

美国的杰拉尔德·弗尼斯是个英俊而勇敢的水上运动员。1980年在夏威夷举行的“美洲杯”悬崖跳水比赛中，他将标高提到约46米线上。令人振奋的高度，一下子使整个跳水场沸腾起来，这是人类高度跳水比赛的第一次。比赛继续进行，共有29名勇敢者站在约46米的高度，同样完成了跳板、跳台空中的连续动作，即直体、屈体、抱膝，个个动作做得与弗尼斯不相上下。这可难倒了组委会，因为无法排列名次，组委会决定将比赛地点移到挪威的一座神奇的半岛。

悬崖跳水比赛要求选手在落水前，表现各式翻转及花式动作，来自全球最顶尖的悬崖跳水高手，在无任何防护之下，自27米高台，急速下降跃入水中，考验选手在重力加速度之下，高度专注力、技巧及对身体掌握度的全面展现。每年精选全球独特的比赛地点，更吸引全球成千上万的观众争相关注这项惊险刺激且震撼人心的极限跳水运动。和室内跳水的最高10米台不同，悬崖跳水的高度一般是20多米。而在重力加速度的作用下，人的下落速度可以达到每小时100千米，因此悬崖跳水与我们常见的室内跳水最大的不同就是一定要脚先入水。

每小时100千米的极速、充满力与美的艺术展现，并将自由落体竞技发挥至极致的悬崖跳水全球系列赛，成为全世界最令人惊奇与期待的极限运动之一。

这个半岛三面临陡峭而下的斯卡格拉克海峡，海拔高度46米左右。30名高度跳水健儿，相继来到挪威这个神秘半岛，准备决一雌雄。杰拉尔德·弗尼斯在父亲和未婚妻的陪同下，更显得精神抖擞。选手们身着玫瑰色的运动裤，在做跳水前的准备工作。为防止事故发生，组委会配备了4艘救生艇。

各国好奇的人们，为了观看这刺激性的比赛，早早地乘坐在游艇上等候。

一声枪响，30名勇敢者的双脚离开岸峭，如剑一般插入海里，海面上瞬间开出30朵白莲花又瞬间消失了，但是随着时间的流逝，两个小时过去了，仍不见一个人露出水面。

观众骚动起来，预感到大事不妙！

一天过去了，仍无人回到海面。组委会派1名潜水员入海寻找，4个小时后却不见潜水员上来。

组委会判定潜水员氧气已用光，可能葬身大海。于是又派出潜水员下去，并给他佩戴安全绳和通氧管，当潜水员下降到约 46 米深度时，一股强大的力量把船上的潜水辅助装置全部拖下海底。

组委会不敢贸然行动了。他们请求当地政府派微型潜艇侦察海底。可结果是奉命下去侦察的微型潜艇也是一去不返。

第二天，克里斯蒂安桑的《明星晚报》刊登了 30 名高度跳水者跳入斯卡格拉克海峡，有去无回的消息。

当地政府在万般无奈之下，只好向美国人求助。美国政府很快就派出一艘当时全球最先进的海洋调查船，并由经验很丰富的海洋地质专家豪克逊博士亲自挂帅。海洋调查船移动到这个神秘的海区时，缓缓地往海底放下探测器，在到达 40 千米以后，探测器的船载接收器，发出了不安全指令。

豪克逊博士从电视监视器里看到了海中有走动的人群，不仅有 32 个人和那艘微型潜艇，而且还有成千上万脚上拴有镣铐的人。

难道这是幻觉？难道这些人还都活着？但调查船电视监视器同样记下了眼前的奇景。经测定，这里是暖流与冷流的交融处，形成了一股强大的漩涡。跳下去的人都会被漩涡吸走。另外，海底岩石产生出一种射线，它能将尸体保存下来不腐烂，尸体随漩涡流动，就像活人行走一般。

然而这成千上万脚上戴着镣铐的人又是从哪里来的呢？原来，在 17 世纪时这里曾是一所监狱，将死刑犯人戴上镣铐投入海里是它惯用的刑罚。由于射线的作用，保存了这些尸体影像，后来监狱也慢慢沉入海底之中了。

▲ [2016 年世界悬崖跳水比赛]

海洋调查船是专门从事海洋科学调查研究的船只。是运载海洋科学工作者亲临现场，应用专门仪器设备直接观测海洋、采集样品和研究海洋的工具。

跟随大海的“流浪者”

摩根海流浪者

摩根族人一直过着半游牧式的生活，他们全年大部分时间居住在传统的 Kabang 船上，只有三个季风月份住在陆地上的临时棚居里。

与摩根族人类似的巴瑶族人也是依靠海洋生活。巴瑶族人是一群“以海为家”的马来原住民，数百年来世世代代都生活在菲律宾、马来西亚和印度尼西亚之间的海域（包括班达海、苏禄海、苏拉威西海等），靠潜水打鱼为生，甚少踏足土地。

▲［苏林群岛］

摩根人生活在苏林群岛一带，1981 年，安达曼海上的苏林群岛被指定为国家公园。

摩根族是一个古老而又神秘的民族。数千年来，他们一直生活在泰国和缅甸附近由 800 多个岛屿组成的丹老群岛上。据最近统计结果显示，目前摩根族的居民仅有 2000 ~ 3000 人，甚至更少。

摩根族人按照传统方式生活，几乎每个族人都是猎人和采集者。他们可以在没有任何装备设施帮助的情况下潜入 20 多米的水底，收集海参、贝类等海洋食物。

在泰国，很少有人比摩根族人与大海的关系更为密切，他们整个雨季都在安达曼海航行，从印度到印度尼西亚，然后再返回泰国。每年的 4—12 月间，他们都在岸上的小屋中度过，靠捕鱼捉虾为生。在每年 5 月的节日上，会祈求大海的宽恕。

2004 年 12 月 26 日，印度洋海啸席卷了泰国南部，海啸浩劫夺走了数万人的生命，海啸虽然过去，围绕着海啸的话题报道却经久不衰，海啸中发生的许多奇异的事情，令人们大惑不解。

泰国《民族报》2005 年 1 月 1 日报道说，泰国部分渔民中流传的一个有关

▲ [Kabang 船的一种]

大海的传说，海啸席卷泰国南部之时，南素林岛上一个渔村的 181 名村民因为提前逃到高山上的一座庙中，从而躲过了这一劫难。这些村民即是摩根族人，也通常被称作“摩根海流浪者”，他们知道许多世代流传下来的传说。

摩根族老村长说：“长辈们告诉我们，如果（海）水退去的速度很快，那么它再次出现时的数量会和消失时一样多。”当大量海水迅速退去的现象发生后，南部海岸的许多泰国人只是忙于捡拾那些被海浪冲到沙滩上的鱼，而知道许多世代流传下来的传说的“摩根海流浪者”则向山顶出发，躲过了劫难。

专家认为，大量海水迅速退去是海啸即将发生的最初迹象。然而，由于这种现象很少出现在印度洋沿岸，因而那里的许多居民对此并不了解。而听过老人传说的“摩根海流浪者”则向山顶出发了，这是一种很神奇的力量。

摩根人很擅长潜水，他们的水下视力很好，可以不借助任何潜水设备在水下 25 米左右寻找生物。在水下，摩根人的瞳孔直径会收缩到 1.96 毫米，而欧洲人的瞳孔却会扩大到 2.5 毫米。收缩的瞳孔就像照相机的光圈缩小可以加大景深一样，可以让他们看得更清楚。

由于 2004 年印度洋海啸以及近年来过度的商业捕捞，加之泰国政府的施压，几乎所有的摩根人放弃了游牧生活，在泰国的村落里定居。但是，由于摩根人多在海上出生，没有出生证明，他们所居住的村落都十分的贫穷。他们得不到政府的救济，很难找到工作，酗酒失业成为家常便饭。

泰国是大象王国，大象是泰国的国宝。大象不仅与泰国人的生活密切相关，印度洋海啸的发生还证明了大象还是泰国人最忠实的朋友。海啸发生时有一群外国游客因为骑乘的大象突然狂奔到高处，结果幸运获救。

是真实还是杜撰

大洋底下真的生活着另一种人类吗

有人认为海底人是地球人类进化中的一个分支，和陆地人类一样，他们在海洋中不断进化，但最终没有脱离大海，而是成为大洋中的主人。

▲ [海底人臆想图——剧照]

1982年7名潜水员下水，看到了一只不明生物，当7名潜水员决定捕捉这只生物时，却被一种不知名的力量弹射到了水面。而且这种力量对人体有着巨大的伤害，这7名潜水员不得不进行降压处理，并进行了相关治疗措施。不幸的是仍有3名潜水员因抢救不及时而死亡，活下来的潜水员也终身残疾。

据说，1938年在爱沙尼亚的朱明达海滩上，一群渔民发现了一个从来没有见过的长得很怪异的人类，当"怪异人"看到一大群人在追赶他时，便飞快地奔跑着跳进波罗的海。据当时在场的渔民说，他的嘴像鸭子嘴一样扁平，而胸部却像蛤蟆，后来人们叫他为"蛤蟆人"。

无独有偶，曾有美国捕鲨高手在加勒比海海域捕到一条长18.3米的虎鲨，在它的胃里发现了一副异常奇怪的骸骨，骸骨上身1/3像成年人的骨骼，但从骨盆开始却是一条大鱼的骨骼，结果证实是一种半人半鱼的生物。

1958年，美国海洋学会的罗坦博士在大西洋4000多米深的海底，拍摄到了一些类似人的足迹。

1968年，美国迈阿密城水下摄影师穆尼说，他在海底看到过一个脸部像猴子，有鳃囊，没有长睫毛的双眼；胳膊长满了光亮的鳞片，脚掌像鸭蹼的怪物。他说当时怪物死死地盯着他，但怪物最后并没有攻击他，穆尼说："我当时清楚地看到它足底有五个爪子，但我来不及把它拍下来，真是个大遗憾！"

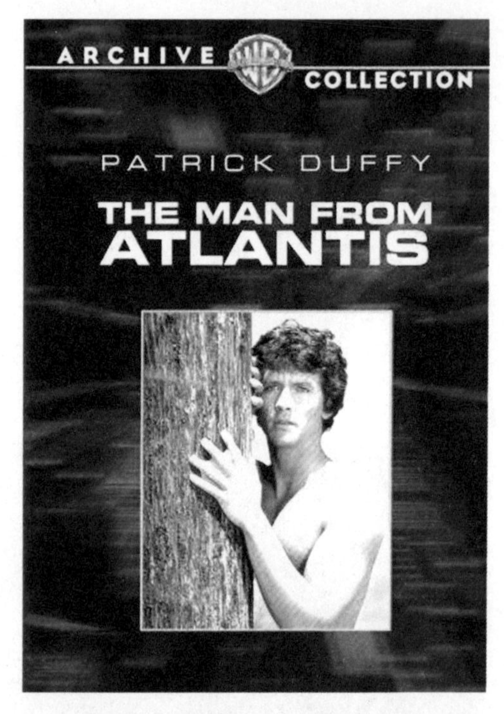

▲［《来自大西洋底的人》电影海报］
这部大型科幻片讲述了一个从海底来的人帮助人类探索海洋，同时努力融入人类世界的故事。

到了20世纪80年代末期，有人传闻在美国南卡罗来纳州比维市郊的沼泽地中发现了半人半兽的"蜥蜴人"，其身高近2米，长着一双大眼睛，全身披满厚厚的绿色鳞甲，每只手仅有三个指头。它直立着行走，力大无比，能轻而易举地掀翻汽车。它能在水泽里行走如飞，因此人们无法抓住它。许多人据此猜测这怪物可能就是爬上岸的海底人。

海底人是否存在，它们来自何方，人们尚无法得出结论，但可以肯定，未来的某天，这一谜底最终将被揭开。

大部分科学家认为海底人是史前人类的另一分支，理由是人类起源于海洋，现代人类的许多习惯及器官明显地保留着这方面的痕迹。比如美人鱼、蛤蟆人和蜥蜴人都是海底人的延续。